年轻人一定要懂得的成功法则

NIANQINGREN YIDING YAO DONGDE DE
CHENGGONG FAZE

冠 诚/编著

北京理工大学出版社
BEIJING INSTITUTE OF TECHNOLOGY PRESS

图书在版编目（CIP）数据

年轻人一定要懂得的成功法则/冠诚编著. —北京：北京理工大学
出版社，2011.1

（80　90 人生哲理系列）

ISBN 978－7－5640－3881－6

Ⅰ. ①年… Ⅱ. ①冠… Ⅲ. ①成功心理学－青年读物

Ⅳ. ①B848.4－49

中国版本图书馆 CIP 数据核字（2010）第 194440 号

出版发行／北京理工大学出版社

社　　址／北京市海淀区中关村南大街 5 号

邮　　编／100081

电　　话／（010）68914775（办公室）68944990（批销中心）68911084（读者服务部）

网　　址／http：//www.bitpress.com.cn

经　　销／全国各地新华书店

印　　刷／北京柯蓝博泰印务有限公司

开　　本／710 毫米×1010 毫米　1/16

印　　张／16

字　　数／200 千字

版　　次／2011 年 1 月第 1 版　　2011 年 1 月第 1 次印刷　　责任校对／王　丹

定　　价／28.00 元　　　　　　　　　　　　　　　　　　　责任印制／母长新

图书出现印装质量问题，本社负责调换

决 定

　　人的一生中，总会遇到许多岔路、困惑和迷茫，尤其是年轻人。年轻人刚刚步入社会，他们正经历从稚嫩走向成熟、从平庸走向卓越的蜕变期，婚姻、财富、前途、未来……都在这时候，在不知不觉中悄然成形。

　　年轻的时候是人生重要的积累期。通过观察，我们不难发现，凡是毕业后在短期内取得成就的人，都是对自己的心态养成、能力锤炼、性格铸造、习惯培养等方面付出了极大努力的实干者。也就是说，只有那些肯沉下心认真学习、不断提高自己能力的人，才能赢得第一场比赛。

　　年轻的时候，我们要经历两大转折：

　　从毕业到就业，从校园到社会——参加工作；

　　从单身到结婚，从个人到多人——建立家庭。

　　年轻的时候，我们要面临五大挑战：

　　赡养父母；结婚生子；升职加薪；开创事业；生活质量。

　　年轻人能否顺利地完成两大转折、从容地应对五大挑战，能否获得成功、拥抱幸福，取决于心灵的成长度和心智的成熟度。

　　心灵快速成长，心智快速成熟，需要年轻的我们掌握人生经验和人情世故，具备取舍智慧，合理地规划人生；还需要我们懂得说话艺术和处世哲学，懂得职场规则，具备职场智慧，掌握成功的法则。而这些知识和智慧会决定我们未来 20 年、30 年甚至一辈子的命运。

现实中，很多年轻人往往因没有人生经验、不懂人情世故而在人际交往中折戟沉沙；因不懂得取舍之道而致错误选择；因不懂人生规划而前途迷茫；因不懂社交礼仪而功败垂成；因不懂说话艺术而祸从口出；因不懂职场规则，不了解职场生存智慧而难以晋升；因不懂成功法则而一直在社会的中下层徘徊……

残酷的现实常常使年轻人一飞冲天的野心、大鹏展翅的抱负化为泡影。因此，年轻的你必须掌握发展必备的知识才能走得更远。基于这种需求，我们策划了这套人生哲理系列丛书，祈望能够帮助年轻人迅速完成从校园人到职场人的转变，能够快速地融入社会，成熟而从容地应对眼前的一切。

年轻，没有极限。准备得越充分，飞得就越高。真心希望年轻的你能够暂时停下来，回顾自己的道路，反思自己的行为，决定自己的方向，规划自己的人生。我们真诚希望这套"8090 人生哲理系列图书"能让你有所收获。

目 录

第六章 人脉法则：人脉是成功的资本

第七章 合作法则：合作是成功的开始

第八章 创新法则：创新是成功的起点

第九章　时间法则：时间是成功的"护身符"

第十章　金钱法则：树立正确的金钱观

第十一章　自制力法则：自制力是成功的方向盘

第十二章　品质法则:品质是成功之母

第十三章　细节法则:细节是成功的阶梯

第一章　心态法则：心态是成功的源泉

人生成败在心态

心态是命运的灯塔。消极的心态是失败、疾病与痛苦的源流，而积极的心态则是成功、健康与快乐的保证！你千万要记住，你的心态决定了许多事情的成功与否。无论情况怎么样，都要抱着积极的心态，别让你的满腔热情被沮丧取而代之了。

让生命价值连城还是平庸无比，取决于你怎么选择。一个人只要选择了积极的心态，就一定会到达成功的彼岸；如果选择了消极的心态，则只会遭遇失败。

有些人只是暂时拥有积极的心态，当他们遇到挫折时，就失去了信心。他们一开始是对的，但一遇到挫折就表现出消极的心态，开始麻痹自己、封闭自己，甚至像鸵鸟一样自欺欺人地慰藉自己，期望着天上会掉下馅饼来。他们不了解消极心态产生的后果。一般来说，持续的消极心态会产生两种十分严重的后果：其一是在关键时刻使你犹豫；其二便是使你的希望最终破灭。

就第一种后果而言，我们可以看出，一个人如果在生活中老是

1

寻找消极的东西，那么这种态度就会成为一种难以克服的习惯。这时即使出现了大好的机会，消极的人也会看不见、抓不着。积极的人往往把挫折当做是成功的基础，并将挫折转化为机会；消极的人则往往把挫折当成成功的绊脚石，让机会悄悄溜走。你不难发现，面对同样的机会，心态积极的人能获得人生中极有价值的东西，进而充分运用它；心态消极的人则会眼睁睁地看着幸福渐渐远去，心里虽然懊悔，却没有任何行动。

积极的心态可帮助你克服困难，发现自身的力量，引领你踏上成功的彼岸；消极的心态却会在关键时刻使你产生疑虑，使你错失良机。

有位秀才第三次进京赶考，住在一个经常住的店里。考试前两天，他做了三个梦：第一个梦是梦到自己在白云上种白菜；第二个梦是下雨天戴了斗笠还打伞；第三个梦是梦到跟心爱的表妹脱光了衣服躺在一起，但是背靠着背。这三个梦似乎有些喻义，秀才第二天就赶紧去找算命的解梦。

算命的一听，连拍大腿说："你还是回家吧。你想想，白云上种菜不是白费劲吗？戴斗笠打雨伞不是多此一举吗？跟表妹都脱光了躺在一张床上了，却背靠背，这不是没戏吗？"

秀才一听，心灰意冷，就回店收拾包袱准备回家。店老板非常奇怪，问："不是明天才考试吗，今天你怎么就回乡了？"

秀才如此这般说了一番，店老板乐了："哟，我也会解梦的。我倒觉得，你这次一定要留下来。你想想，白云上种菜不是高中吗？戴斗笠打伞不是说明你这次有备无患吗？跟你表妹脱光了背靠背躺在床上，不是说明你翻身的时候就要到了吗？"

秀才一听，更有道理，于是精神振奋地参加考试，居然中了个探花。

通过这个故事，我们能够看出不同的心态会产生不同的后果。如果秀才相信算命先生的话，放弃考试，就不会成为探花。

由此可见，好运在我们每一个人的生活中都是存在的。然而，以消极的心态对待生活的人却会阻止好运造福于自己。

只有具有积极心态的人才会抓住机遇，进而从不利的环境中获得某种成功。在另一方面，消极心态则会使你看不到希望，从而激发不出任何动力。消极的心理会摧毁人们的信心，导致希望破灭。

消极颓废就像一剂慢性毒药，吃了这服药的人会慢慢变得意志消沉，失去任何动力，成功也会离他越来越远。

关于这一严重后果，拿破仑·希尔作为最早的成功大师和励志书籍专家，曾讲过这样一个十分有趣的故事：约翰·格里尔是一匹良种赛马，曾经在多次赛马比赛中取得胜利。1902 年 7 月，在阿查德市将举行一次德维尔赛马大奖赛，约翰·格里尔是其中的种子选手，并极有可能战胜另一匹每战必胜的良种赛马——"战斗者"。

于是，它被当做宝贝一样地精心照料、训练。不久，这两匹马在赛场上相遇了。

每个人都想知道这两匹马究竟谁更厉害，于是，比赛的那天可真是万人瞩目。比赛开始了，这两匹马沿着跑道并排朝终点奔去。跑了 1/4 的路程，它们差不多，没有什么高低之分。一半的路程过去了，它们仍然并驾齐驱。在仅剩 1/8 的路程的时候，它们似乎还是齐头并进。可就在一刹那间，格里尔突然使劲向前蹿去，跑到了最前面。

对于"战斗者"的骑手来说，他可是到了一个十分危急的时刻。谁都看得出，约翰·格里尔是在同他的"战斗者"进行一场生死搏斗。于是，他便在赛马生涯中第一次用皮鞭持续地抽打着坐骑。

"战斗者"受到骑手的打击之后，拼命地往前蹿，这一蹿就冲到

了约翰·格里尔的前面,终于同约翰·格里尔拉开了距离。约翰·格里尔在"战斗者"超越它的那一瞬间就丧失了比赛的斗志。约翰·格里尔原本是一匹精神抖擞的马,并且它很有希望在这场比赛中获胜。但是,这次比赛它却最终失败了,这个打击使它从此一蹶不振。在这之后的任何比赛中,它都只是应付一下,再也没有获胜过。

人虽然不是赛马,但人也会在经受挫折后最终一蹶不振。

你不难发现,尽管他们也曾经有过辉煌的时刻,但他们只要一遇到挫折,便立即呈现出灰暗、消沉的心理状态。

他们是那样的悲观失望,看不到任何成功的希望,从此一败涂地。消极悲观的人对将来总是感到失望。在他们的眼中,玻璃杯永远不是半满的,而是半空的。

积极心态的基本原则

积极心态的基本原则是:你完全能促使自己的大脑准备好成功的先决条件。实际上,从你现在的思维模式便能预测你将来是否能成功。现在,我们要对"成功"一词加以界定,即如何使你的生活过得更有意义。它指的是:作为一个人,你事业成功了;面对困难,你能自我控制,不被困扰而且能提出解决之道。我们为自己定下的目标是:过上成功的生活,成为有创造力的人。

一位心理学家曾经说:"在人的本性中有一种倾向:我们把自己想象成什么样,就真的会成为什么样。"这里的想象并不是漫无目的的狂想,自己对自己有着怎样的心理影像十分重要,因为这个影像

真的会成为事实。

思想是行为的先导。如果你预先想象自己的成功，你便会去实施使其达成的行为。只要我们运用积极心态的原则，每个人都会获得成功。这个原则就是：即使诸事不顺，也绝不轻言放弃，更不能消极地认为自己与成功无缘；要坚信即使在最恶劣的情况下仍然会有出路。有了这个隐藏的秘诀，你便能从失败转向成功。

著名心理学家威廉·詹姆斯说过："世界由两类人组成：一类是意志坚强的人；另一类是意志薄弱的人。后者面临困难和挫折时总是一味逃避、畏缩不前。面对批评时，他们极易受到伤害，从而灰心丧气。所以，等待他们的只有痛苦和失败。但意志坚强的人不会这样，他们来自各行各业，有商人，有教师，有母亲，有父亲，有老人，也有年轻人。然而，他们心中都有一股与生俱来的坚强特质。所谓坚强的特质，是指在面对一切困难时，仍有内在勇气去承担外界的考验。"

有一天，希尔刚走出办公室，拦了一辆出租车，一上车便感觉到司机是一个很快活的人。他吹着口哨，一会儿是电影《窈窕淑女》中的插曲，一会儿是国歌。看他乐不可支的样子，希尔感觉很好奇，便搭腔说："看来你今天心情不错！""当然！为何要心情不好？我最近悟出了一个道理，情绪暴躁和情绪消沉都对自己没好处，因为事情随时都会发生转机。"接着，司机讲述了一个发生在他自己身上的故事。

有一天早上，他开车出去，想趁上班高峰期多赚点钱。天气非常冷，冷到用手一摸铁皮，就有一种被粘住的感觉。不走运的是，他把车开出去没多远，车就出了毛病。他骂骂咧咧地拿出工具来修车，一边修车一边赌气地骂这鬼天气。这时的他，心情坏到了极点。可是没过多久，就有一辆卡车停在他旁边。让他更为惊讶的是，卡

车司机居然动手给他帮忙。修好车之后，他一再道谢。但卡车司机挥挥手，不以为然地跳上车走了。

司机接着说："因为这件事，我整天心情都很好。看来事情总是有好有坏，人是不会永远倒霉的。起初因为车子出了毛病而生气，后来因为卡车司机帮忙心情就变好了。好运似乎也跟着来了。那天早上忙得不得了，客人一个接着一个，口袋里进的钱也就多了。先生，塞翁失马，焉知非福。不要因为一件事情不如意就心烦，事情随时都会有转机的。"

那位司机说，从此以后，他再也不会让"不如意"这三个字来困扰他了。他认为世事随时会有转变，随时都可能否极泰来，这就是真正的积极心态。这种积极的心态一定会发挥功效。当你面对困难时，如果你期待能拨云见日，并能乐观以待，事情终将如你所愿，因为好运总是与积极思想者站在同一边。一个拥有积极心态的人心中常能存有光明的远景，即使身陷困境，也能愉悦地摆脱出来，迎向光明。

事实上，人生就是如此，每个人都难免会遇到挫折。但是，这并不意味着你就注定会被打败。如果你秉持真诚的信念，勇敢地面对人生，你就能突破重围，所有的难题也将迎刃而解。那时，好运必将围绕着你。这一点适合每一个人。

在纽约不远处有一个小镇，镇上有一个名叫吉姆的男孩。他生前被认为是一个真正的男子汉，一个意志十分坚强的人。他有很高的运动天赋，有人曾预言十年之后他肯定是一个顶尖的运动高手。可不幸的是，就在他上中学不久，腿部就被查出患有癌症，必须做截肢手术才能保命。出院后，吉姆拄着拐杖返回学校，高兴地告诉朋友们，说他将会安上一条木头做的腿，他笑着说："到时候，我便可以用图钉将袜子钉在腿上，你们谁都做不到。"

　　足球赛季一开始，吉姆立刻去找教练，问他是否可以当球队的管理员。在练球的几个星期中，他每天都准时到球场，并带着教练训练攻守的沙盘模型。他的勇气和毅力感染了全体队员。只要他有一天不来参加训练，教练和队友都会担心和想念他。他已经成了球队不可缺少的一员。直到有一天，教练被告知，吉姆的病情已经恶化，转化为肺癌，并且医生断言："吉姆只能活6周了。"

　　吉姆的父母决定不将这个噩耗告诉他，他们希望吉姆能在生命的最后时刻，尽量过上平静的日子。所以，吉姆又回到了球场上。他仍然带着满脸笑容来看其他队员练球，给他们加油鼓励。因为他的鼓励，球队在整个赛季中保持了全胜的纪录。为庆祝胜利，他们决定举行庆功宴，并准备送一个全体球员签名的足球给吉姆。但是，餐会并不圆满，因为吉姆身体太虚弱，没能来参加。

　　几周后，吉姆又回来了。除了脸色十分苍白之外，他仍是老样子，满脸笑容地和朋友们有说有笑。比赛结束后，他到教练的办公室，整个足球队的队员都在那里。教练轻声责问他："怎么没有来参加餐会？""教练，你不知道我正在节食吗？"他的笑容掩盖了脸上的苍白。其中一位队员拿出要送给他的胜利足球，说道："吉姆，都是因为你，我们才能获胜。"吉姆含着眼泪，轻声道谢。教练、吉姆和其他队员还谈到下个赛季的计划，然后大家互相道别。吉姆走到门口，以坚定而冷静的目光回头看着教练说："再见，教练！"

　　"你意思是说，我们明天见，对不对？"教练问。

　　吉姆的眼睛亮了起来，他坚定的目光化为一缕微笑："别替我担心，我不会有事的。"说完话，他便离开了。两天后，吉姆离开了人世。

　　原来，吉姆早就知道他的死期，但他能坦然接受，这说明他是一个意志坚强、思想乐观的人。他将悲惨的事实转化为富有创意的

生活体验。或许，有人会说，他毕竟还是死了，积极的心态最终也未能帮他多少忙。但是，至少吉姆知道凭借内心的力量，在最坏的环境中能创造出令人振奋而温暖的感觉。他并不像鸵鸟一样将头埋进沙堆，逃避事实。他完全接受了命运，但他决定不让自己被病痛击倒。事实上，他也从未被击倒过。虽然他的生命如此短暂，但他仍把握了它，他将勇气、信仰与欢笑永远留在他所认识的人们心中。一个能做到这一点的人，你还能说他的一生是失败的吗？

积极心态使你出类拔萃

伍尔沃夫就是靠着母亲的鼓励才成为纽约的零售业大王。伍尔沃夫青年的时候在农村工作，一年中有半年的时间是打着赤脚度过的。他致富的秘诀就是让自己的心灵充满积极思想，仅此而已。他借来300美元，在纽约开了一家商品售价全是5美分的店，全天营业额还不到15美元，不久便经营失败了。以后，他又陆续开了4个店铺，有3个店都以失败而告终。就在他几乎丧失所有信心的时候，他的母亲来探望他，紧紧握住他的手说："不要绝望，总有一天你会成为富翁的。"在母亲的鼓励下，伍尔沃夫面对挫折毫不气馁，更加充满自信地开拓经营，终于成为全美一流的资本家，建立了当时世界第一高楼，那就是纽约市有名的伍尔沃夫大厦。

其实，不只是伍尔沃夫，几乎所有白手起家的创业者都具有一个共同的特点——有积极的心态。他们运用积极的心态去支配自己的人生，用乐观的精神去面对一切可能出现的困难和险阻，从而保证了他们能不断地走向成功。而许多一生潦倒的人，则往往精神空

虚，以自卑的心理、失落的灵魂、悲观的心态和消极的人生目的作前导，其后果只能是从失败走向新的失败，并且沉溺于过去的失败之中，不再奋发有为。

福勒是美国路易斯安那州的一个黑人佃农家庭的孩子，他小的时候，全家过着穷困潦倒的日子。穷人的孩子早当家，福勒5岁时就开始干农活，9岁就靠赶骡子挣钱了。很多穷人的家庭都认为自己的贫困是命运的安排，所以，他们没有奢望去改变生活。但小福勒的母亲却不那么认为，她知道奋斗可以改变一个人的命运。于是，她说："嗨，福勒，我不愿意听到你们说这都是上帝的旨意。不，圣经里的每一个字都能让我们富起来。你为什么不去做一个出人头地的人呢？"这段话在福勒的心灵中刻下深深的烙印，并且彻底改变了他的一生。

福勒对他的母亲说："我要致富，我要出人头地！"他觉得经商是发财致富的最佳捷径，于是，他选择了经营肥皂。从此，他作为流动销售员叫卖肥皂达12年之久。后来，他获悉供应他肥皂的那家公司将拍卖，售价是15万美元。当时，他已存有2.5万美元。于是，他与那家公司达成了协议：他先交2.5万美元的保证金，然后在10天之内付清剩下的美元。如果10天过了付不出，他将同时丧失那笔作为自己全部储蓄的保证金。机会终于来了，但风险极大。然而，福勒很积极地去做这件事并最终成功了。

关于那件事的成功，他是这样告诉别人的："我知道我能在10天之内筹到12.5万元，不过当时的情况太冒险。我从客户、朋友、信贷公司和投资集团那里获得了援助，在第10天的前夜，我已筹集了11.5万美元，但还差1万美元，我怎么也没有办法了，真要命！那时已是深夜了，我在幽暗的房间里一遍又一遍地做祷告，渴盼能够出现奇迹。可是我知道奇迹之说是骗人的，于是，毅然走出房门，

我要再寻找，仔细地搜寻。夜已深了，我沿芝加哥 61 号大街走去。走过几条街后，我看见一所承包商事务所亮着灯光，我激动地走了进去。在那里，写字台旁坐着一个看起来因为经常熬夜工作而疲乏不堪的人，我一下子放松了许多。我以前曾经见过他，我告诉自己他就是我的希望，自己必须勇敢些、再勇敢些。"

"'先生，您想一下子就赚 1 000 美元吗？'我直接地进入谈话，这句话可把这位承包商吓住了。他奇怪地望着我，说：'当然，亲爱的。'我一听见'亲爱的'这个词，立刻就愉快了起来，对他诚恳地说：'那么，亲爱的，请给我开一张 1 万美元的支票。当我奉还这笔借款时，我将另付 1 000 美元给你。'我接着，就把其他借款给我的先生们的名单及签有亲笔字的借款单给这位承包商先生看，并详细地解释了我这次商业冒险的具体情况。承包商很感动，支持了我。这样，我就如期地付出了买肥皂公司所需的资金，有了这家公司，以后的一切都很自然地发展起来了。"

福勒先生最后向我们强调的是：万事开头难，在开始行动的时候，一定要树立积极的心态，不管它将使你冒着怎样的危险去完成。

有些人虽然有积极的心态，但一遇到挫折就会失去信心，他们不了解成功需要用积极的心态不断地去尝试。

据说，李嘉诚的成功就是基于战胜贫困的渴望，就是这种心态使他逐步走向成功。

1943 年，不满 15 岁的李嘉诚因家里贫穷，父亲病逝，不得不离开学校打工赚钱养家。由于抱着"我不要穷，我要赚钱"的积极心态，他在泡茶扫地、当学徒、当店员、当推销员的早年打工生涯中努力学习和思考，开发着自己经商赚钱的潜能。

"我不要做高级打工仔！我要创立自己的企业！"

经历七年的奋斗，22 岁的李嘉诚结束了打工生涯，开始了宏伟

的创业目标。

打工的经历开发了青年时期的李嘉诚立身处世和经商的潜能，使他极大地增强了信心。1950 年，他放弃一家塑胶企业总经理的职位，自己开办了"长江塑胶厂"，成为一个主宰自己命运的老板。

积极的心态将使你成为强者，请你务必确信一点。积极的心态与消极的心态一样，它们都能对你产生一种作用力，不过两种作用力的方向相反，但作用点相同，这一关键的作用点就是你自己。

为了获取人生中最有价值的东西，为了获得家庭的幸福和事业的成功，你必须最大限度地发挥积极心态的力量，以抵消消极心态的反作用力。只有这样，你才会有成功的希望。

正确认识积极心态

大千世界，芸芸众生，人们无时无刻不在盼望着早日实现自我的人生价值，每个人都在企盼着发财致富，企盼着事业成功。但是，怎样才能成功？通向成功之路的起点究竟在哪里呢？

你如果要想成功，首先就应该确认你自己是否拥有一种积极的心态。

积极和消极两种迥然不同的心态，具有两种惊人的力量：积极的心态能使人攀上事业的巅峰，消极的心态则能使人陷进失败的谷底，即使爬到巅峰也会被它拖下来。这两种巨大的力量既能吸引财富、成功、快乐和健康，又能排斥这些东西，夺走生活中的一切。

那么，心态是如何影响人的呢？在马斯洛的行为心理学看来，当你拥有一种信念或心态后，只要把它付诸行动，就能加强并助长

这种信念。

比如，你有一个信念，就是你能够很好地完成自己承担的工作。这时，你在工作中会很有信心。你常常这样想，并在实践中想方设法去做好工作。于是，信心就会更强。这就是你的行动加深了你的心态。

又比如，你欣赏一个人，你喜欢他，你就会主动与他沟通交往。然后，你就会不断发现这个人的优点，从而更喜欢他。这是情绪和行为相应的一种反应。同时，对你自己也一样。你很喜欢自己，或者你压根就不喜欢自己，其情形也会大相径庭。

当一种心态出现以后，你的行为就会帮你加强这种心态。所以，有的孩子或者女人，他们哭起来总是越哭越伤心，这就是哭的这种行为促使他们在发泄自己的情绪，彼此的因和果就混淆在一起了。所以，当你确信自己的能力的时候，你就会觉得自信会为自己带来成功。

事实上，这个世界上没有任何人能改变你，只有你能改变自己；没有任何人能打败你，只有你自己可以打败你自己。因此，无论你自身条件如何恶劣，只要你抱着积极的心态，并将它和成功法则的其他法则有机结合，就可能到达成功的彼岸。否则，无论你自身条件如何优越，机会如何千载难逢，只要你的心态是消极的，你的失败也是必然的。

美国总统富兰克林·罗斯福就是因为随时保持一种积极的心态而成就事业的典型。罗斯福小时候是一个脆弱胆小的男孩，脸上不时显露出一种怯懦的表情。在背诵的时候，他的双腿总是不断地发抖，嘴唇也颤抖不已，回答问题时含糊不清，而且不连贯，回答完了就会十分颓废地坐下来。他虽然先天有缺陷，但后来却保持着一种积极乐观的心态，这种心态激发了他的奋斗精神，他没有因为自

己的缺陷而气馁，没有因为同伴的嘲笑而降低自己向前迈进的勇气。他将自身的缺陷加以利用，以自己坚强的意志，战胜了自身的缺陷。就是凭着这种积极的心态，罗斯福终于成为美国历史上最伟大的总统之一。在他步入晚年的时候，已经有很多人知道他曾有严重的身体缺陷，但美国人民仍然一如既往地热爱他。

富兰克林·罗斯福的成功是神奇的、伟大的。然而，先天加在他身上的缺陷又是那样严重，他却能毫不灰心地走下去，直到成功。像他这样的人，如果停止奋斗而自甘堕落，应该说是相当自然而平常的事，但他却不是这样。没有人能想象这位受到人们爱戴的总统，竟会有这样不幸的经历。假如他十分注意自己身体的缺陷，或许他会花费许多时间去洗温泉、喝矿泉水、服用维生素，并花时间去航海旅行，坐在甲板的睡椅上，希望自己尽早恢复健康。但他没有把自己当做婴儿看待，而是要使自己成为一个真正的人。

他不是自怜，而是强迫自己像强壮的孩子一样去打猎、骑马、玩耍，或进行其他一些激烈的活动，使自己变为最能吃苦耐劳的典范。他用刚毅的态度去对付困难、克服恐惧，他还会用一种探险的精神去对付他所遇到的可怕的难题。如此一来，他真的觉得自己勇敢了。当他和别人在一起时，他觉得他喜欢他们，并不回避他们。由于他对每个人都感兴趣，从而自卑的感觉无从发生。

他觉得当他用"快乐"这两个字去对待别人时，就不觉得惧怕别人了。而且在未进大学之前，他已通过自己的努力，有系统的运动和生活，将健康和精力恢复得很好了。

他利用假期在亚利桑那追赶牛群，在落基山猎熊，在非洲打狮子，使自己变得强壮有力。会有人对于他的勇敢发生疑问吗？可是，千真万确，罗斯福便是那个曾经胆怯懦弱的小孩。

罗斯福使自己成功的方式是如此简单，却又是如此有效！这是

每个人都可以做到的。他成功的主要因素在于他的心态和他的努力奋斗。正是他这种积极的心态激励他去努力奋斗，终于从不幸的环境中找到了成功的秘诀。

"我是自己命运的主宰，我是自己灵魂的领导。"这句话告诉我们：因为我是自己心态的主宰者，所以也自然会变成命运的主宰者。心态会决定我们将来的机遇。

这句话也强调，无论心态是破坏性的还是建设性的，这个法则都会完全应验。运用这种积极的心态，你就能把心中的各种念头变成活生生的现实。

大多数人都以为成功是突然降临的，其实每一个人最大的财富就是拥有积极的心态，它一点也不神秘，是由"正面"的特征所组成的，比如信心、诚实、希望、乐观、勇气、慷慨、容忍、机智等。至于消极的心态，它的特性都是反面的，它是消极、悲观、颓废的心理态度。

心态改变潜能

你认为你行，你就行；你认为你能成功，你就能成功；你认为你能开发潜能，你就能开发潜能。

有这样一个故事：

一个星期六的早晨，一个牧师正在为讲道词而大伤脑筋。他的儿子却因为无事可做而来吵他，可他实在是没有心情和时间来陪孩子。没办法，他只好找来一张色彩艳丽的世界地图。他把这张世界地图撕成小片，丢到客厅的地板上对儿子说："汤姆，如果你把它完

整地拼起来，我就会给你两美元。"

由于地图被撕成很多小片，他想汤姆肯定得为此花费小半天吧。谁知不到十分钟，他的书房就响起了敲门声。牧师惊讶万分地看着儿子，那张复杂的地图已经拼好了。

"儿子啊，怎么这么快就拼好啦？"牧师问。

"噢，"汤姆向父亲说道，"很简单呀！这张地图的背面画着一个人。我先把一张纸放在下面，把人的图画放在上面拼起来，再放一张纸在拼好的图上面，然后翻过来就好了。我想，假使人的图画能拼得对，地图也该拼得对才是。"牧师忍不住笑起来，给了他两美元："你把明天讲道的题目也给了我了。"他说："假使一个人是对的，他的世界也是对的。"

这个故事具有非常深刻的意义：如果你想改变自己的环境，首先就要改变自己。只要你有积极的心态，你四周所有的问题都会迎刃而解。

艾文·班·库柏是美国最受尊敬的法官之一，但他小时候却是一个懦弱的孩子。库柏在密苏里州圣约瑟夫城的一个贫民窟里长大，他的父亲是一个移民，以裁缝为生，收入微薄。为了给家人取暖，库柏常常拿着一个煤桶，到附近的铁路去捡煤块。库柏为必须这样做而感到困窘，他常常从后街溜出溜进，生怕被放学的孩子们看见了。

那时的库柏总是生活在恐惧和自卑当中。因为有一伙孩子总是拿他取乐，在他回家的路上袭击他，也常常把他的煤渣撒在街上。这些孩子的行为使库柏回到家里就掉眼泪。

在一次偶然的机会中，库柏读了一本书，这本书是荷拉修·阿尔杰著的《罗伯特的奋斗》。在这本书里，库柏读到了一个与自己很相像的少年的奋斗故事。那个少年遭遇了巨大的不幸，但他以勇气

和道德的力量战胜了这些不幸。读完之后，他的内心受到了极大的鼓舞，从而在生活中采取了积极的行动。

在接下来的日子里，这个孩子读了他所能借到的每一本荷拉修的书。当他读书的时候，他就进入了主人公的角色。整个冬天，他都坐在寒冷的厨房里阅读。书中那些勇敢和成功的故事，不知不觉地使他养成了一种积极的心态。

在库柏读了那本荷拉修的书之后一个月，他又到铁路上去捡煤块。隔着一段距离，他看见那几个孩子在他的后面飞奔而来。他最初的想法是转身就跑，但很快地，他记起了他所钦佩的书中主人公的勇敢精神。于是，他把煤桶握得更紧，一直向前大步走去，犹如他就是荷拉修书中的一个英雄。

这是一场恶战。三个男孩子一起冲向库柏，库柏丢开铁桶，挥动双臂进行抵抗。库柏的这一举动，使这三个恃强凌弱的孩子大吃一惊。库柏的右手猛击到一个孩子的嘴唇和鼻子上，左手猛击到这个孩子的胃部。这个孩子便停止打架，转身溜跑了，这也使库柏大吃一惊。同时，另外两个孩子正在对他进行拳打脚踢。库柏设法推走了一个孩子，把另一个打倒，用膝部猛击他，而且发疯似的揍他的腹部和下巴。现在只剩一个了，他是孩子头，已经跳到库柏的身上，库柏用力把他推到一边，站起身来。大约有一分钟，两个人就这么面对面站着，狠狠瞪着对方，互不相让。

后来，这个孩子头一点一点地退后，然后拔腿就跑。库柏也许出于一时气愤，又拾起一块煤炭朝他扔了过去。

库柏这时才发现自己的鼻子挂了彩，身上也青一块紫一块。这一仗打得真好，这是他一生中最重要的一天。从那一天开始，他已经克服了恐惧。

班·库柏并不比那三个少年强壮多少，他们的凶悍也没有收敛

多少，不同的是他的心态已经有了改变。他已经学会克服恐惧，临危不惧，再也不怕别人的欺负。从现在开始，他要自己来改变自己的命运。他通过运用积极心态，最终战胜了懦弱和恐惧，成为美国最受尊敬的法官之一。

通过运用积极的心态，最终会获得成功，这是一条亘古不变的真理。

心态改变命运

人是否能成功，关键在于他的心态。成功人士总是拥有乐观的心态，而失败的人则用消极的心态去面对人生。要想摘取成功的桂冠，就必须拥有良好的心态。

20多岁时，成功的人为什么很少，但失败和庸碌的人却很多呢？仔细比较一下失败者与成功者的心态，我们就会发现：他们之所以会产生这样大的不同，完全是心态的原因造成的。

有一个很有名的关于推销的故事：两个欧洲人去非洲推销皮鞋。第一个推销员到了那里，发现所有的人都不穿鞋，立刻感到很失望："这里的人都是赤脚，谁还买鞋呢？我的鞋肯定推销不出去。"于是，就放弃了努力，沮丧地回去了。而第二个推销员看到这个情况，却高兴得跳起来："这里所有人都没穿鞋，如果每个人都买鞋的话，这是个多么大的市场啊！"于是，他想方设法地推销，终于成功地回到了欧洲。

同样的境遇，一个不战而败，一个胜利而返，心态的不同就导致了两种不同的结果。乐观的心态支配着成功人士的人生，他们的

人生旅途中充满了积极的思考、乐观的情绪；而失败者则被过去的失败和忧虑所支配，他们的人生充满了空虚、失败和悲观。

生活中有时会有些流言蜚语，尤其是在我们即将迈进成功的大门时，那关键的一步究竟如何走下去，总使我们备受困扰。有时，面对众人的意见也会觉得有些不知所措，十分茫然。这时，良好的心态是取胜的关键。例如，在《三国演义》中，当孙权面临主降派要求降魏时，毅然决定联蜀抗魏，终于以寡敌众取得了"赤壁之战"的辉煌。同样的抉择落在陈忠和身上，在面对改组女排的问题上，他排除他人干扰，果断地起用新秀，再创辉煌。人生中总是充满了许许多多的抉择，在面对这些抉择时也许会有一些外界的压力，这就要求我们必须时时刻刻保持一个良好的心态。

保持良好的心态是逆境中的崛起。贝多芬一生不乏坎坷挫折，他人眼里只不过是一个又聋又疯的乐痴。双耳失聪对于一个投身音乐事业的人来说已是一种致命的打击，他人的不理解与内心的孤寂更增添了他内心的抑郁。可他没有被此击倒，而是在痛苦的深渊中爆发出内心所有的愤懑："我要扼住命运的咽喉！"纵然前方荆棘密布，他的心中却燃着一盏不灭的灯火，指引灵魂走出困惑、走向成功。

保持良好的心态离不开明确的自我认识。俗话说："人言可畏。"在众说纷纭中，人们往往都有趋从心理，他人对自己的评价总会左右我们的思想，我们常常会对自己发问：我是这样的吗？我应该这样做吗？这时，必须有一个明确的自我认识，才会减少通向成功之路的曲折。司马迁在他人眼中只不过是一个废人，但他内心澄净如水，无视外界的干扰，完成了《史记》。苏格拉底整日拖着肥大的身躯踽踽独行，他超越了自我，摒除了他人的诋毁嘲笑，成为世人仰慕的伟人。保持良好的心态，对自己有一个正确的认识是通向成功

的捷径，人生之路需要我们自己把握，我们一定要做自己命运的舵手。

保持良好的心态可以让我们心绪平稳，无论处于何种境地，良好的心态总会让你得到意外的收获。

第二次世界大战时期，德国的纳粹分子进行了一次触目惊心的心理实验，他们声称将以一种特殊的方式来处死人，这种方式就是抽干人身上的血液。实验那天，他们从集中营挑选了两个人，一个是牧师，另一个是普通工人。纳粹士兵将两人分别捆绑在床上，用黑布蒙住双眼，然后将针头插进他们的手臂，并不时地告诉他们：现在，你已经被抽了多少升血了，你的血将在多少时间内被抽干！其实，纳粹士兵并没有真的抽他们的血，只是在他们的手臂上插进了一支空针头。结果，工人的面部不断抽搐，脸色变得惨白，渐渐地在惊恐万状中死去。而那位牧师却始终神态安详，死神并没有夺走他的生命。

从这个实验中，你也许会对这两个人的不同命运产生疑问。但当人们问起牧师当时的感想时，牧师回答说："我的内心很平静，我不害怕，我问心无愧。即使死了，我的灵魂也会进入天堂。"由此可见，在实验进行的过程中，两个人都面临死亡的考验。不同的是，那个工人极端恐惧的心态让他采取了放弃生命的行为，认为自己一定没有机会生存下去了，而最终心力衰竭地死去。牧师因为拥有平和的心态，从容地面对当时的一切，结果反而幸存了下来。

当我们在人生中遇到重大的转折之时，我们就更应控制好自己的心态。否则，就会对客观情况的变化视而不见，就会抓不住问题的症结所在，就会把内心的愿望误认为是客观的现实。如此一来，我们就不能真正地去审时度势，就会对情况做出错误的判断、采取错误的行为，导致我们的人生陷入更大的困境中。

俗语说：情人眼里出西施。为什么会这样呢？因为情人被心态左右了，他的认识水平和判断力完全向心态屈服了。他爱意浓浓，对心爱之人一往情深。此时，他看见的一切都是自己希望看见的。于是，即使对方再丑，在情人的眼里，她也像西施一样美丽动人。

然而，我们决策之时，切忌"情人眼里出西施"，一定要调整好自己的心态，做冷静客观的分析。只有这样，我们才能认清客观形势，分析出情况的变化，从而做出准确的判断。倘若我们的心态调整不好，纵使变化就在眼前，我们也往往看不清楚。

相信自己才会成功

每个人都祈求成功，但最终只有对自己充满自信的人，才能有幸到达成功的彼岸。没有自信，毛泽东不可能写出"到中流击水，浪遏飞舟"的豪迈诗句；没有自信，罗斯福不可能以残疾之躯，带领美国人民走出"大萧条"的阴影；没有自信，许海峰不可能在奥运会上一枪打出中国人的荣耀……

上高中时，大家都说小王的口头语就是"不行不行，我不行"，是因为小王胆小害羞，不自信。每逢老师或同学让他做什么事时，他总是不好意思地说："不行不行，我不行。"

后来，小王下定决心：明天一定要以一副新的面貌出现在大家面前。但到了第二天，却总是又恢复了原样。小王明白了一个道理：在熟悉的环境中改变自己是不容易的，它需要很大的勇气。但在当时，小王恰恰缺乏这一勇气。所以，他那种不自信的样子一直持续到高中毕业。

　　上大学后，小王来到了一个全新的环境中，建立自信的勇气与日俱增。小王每天都面带微笑，精神饱满，干劲冲天。他在心里暗暗为自己加油，暗示自己"我能行"！后来，班里成立了篮球队，因为小王个头高，尽管不会打，也入选了。从此，他就向同学们学习关于篮球的知识和技术，每天都抱着篮球到操场上去练一会儿。几个月下来，竟由篮球场上的"门外汉"变成了一名篮球队的主力。

　　同样在篮球上赢得自信的，还有美国NBA最矮的球星博格斯。身高仅1.60米的博格斯怎么能跻身大名鼎鼎的NBA球星之列呢？这是因为他的自信。

　　博格斯从小就喜欢篮球，可因为他长得矮小，伙伴们都瞧不起他。有一天，他很伤心地问妈妈："妈妈，我还能长高吗？"妈妈鼓励他："孩子，你能长高，长得很高很高，会成为人人都知道的大球星。"从此，长高的梦就像天上的云在他心里飘动着，每时每刻都在闪烁着希望的火花。为了让自己能打职业赛，博格斯横下一条心，要靠1.60米的身高闯天下。"别人以为我个子矮，这反而成了我的动力，我一定要证明矮个子也能在职业赛中立足。"在威克·福莱斯特大学和华盛顿子弹队的赛场上，人们看到蒂尼·博格斯简直就是一个"地滚虎"，从下方来的球百分之九十都被他收走。后来，博格斯进入了夏洛特黄蜂队，在他的一份技术分析表上写着：投篮命中率50%，罚球命中率90%……一份杂志专门为他撰文，说他个人技术好，发挥了矮个子重心低的特长，成为一名使对手害怕的断球能手。"夏洛特黄蜂队的成功在于博格斯的矮"，不知是谁喊出了这样的口号，许多人都赞同这一说法。许多广告商也推出了"矮球星"的照片，上面是博格斯纯朴的微笑。如今的博格斯已与夏洛特黄蜂队接连签过7个赛季的合同，最后一个赛季一签就是5年，总薪水750万美金。他曾多次被评为该队的最佳球员。他至今还记得当年妈

妈鼓励他的话，虽然他没有长得很高很高，但可以告慰妈妈的是，他已经成为人人知道的大明星了。接下来，他想写一本传记，主要是想告诉人们："要相信自己，只有相信自己，才能成功。"

其实，自信一方面需要培养，另一方面也要依赖知识、体能、技能的储备。但在具体操作时，要注意以下两点。

一要经常暗示自己行。"暗示"是一个心理学名词，主要是指人的主观意识对人的行为的一种引导、控制作用。很多人都有这种体会：当一个人生病时，亲人、朋友总要关切地告诉他，要打起精神，振作起来，或者是好好休息，安心静养。谚语中也有"心病要用心药医"的说法。这些都是"暗示"在社会生活中的应用。我在每次考试前或比赛前，总会在心中默念"我能考好"或"我能行"之类的话，引导自己从心理上放松，久而久之就能培养自信的品质。

二是从行为上让他人认为你能行。行为方式是人的思想品质的外在体现。如果行动上躲躲藏藏，或者不知所措，很难令人把你同自信联系起来。每当我和人谈话时，我都要看着对方的眼睛（当然不能死死地盯着），不去躲避对方的目光。说话时要尽量清晰而有条理地表达，不让声音憋在嗓子里。有时，我对要表述的内容心中没底，就预演一番，心里就有把握了。

第二章　目标法则：目标是成功的动力

目标是成功的动力

　　研究成功者的成功轨迹，就会发现他们走向成功之前大多有着自己的明确目标。美国成功学家拿破仑·希尔在《一年致富》中有这样一句名言：一切成就的起点是渴望。一个人追求的目标愈高，他的才能发展就愈快。一心向着自己目标前进的人，整个世界都会给他让路。希尔认为，所有的成功都必须先确立一个明确的目标。当对目标的追求变成一种执着时，你就会发现所有的行动都会引领你朝着这个目标迈进。目标就是力量，奋斗才会成功。古今中外，凡在事业上有所成就的人，无不有着明确而坚定的目标。英国前首相本杰明·迪斯累里原本是一名并不成功的作家，出版了数部作品却无一能给人留下深刻印象。后来，迪斯累里涉足政坛，决心成为英国首相。他克服重重阻力，先后当选议员、下议院主席、高等法院首席法官，直至1868年实现了既定目标，成为英国首相。对于自己的成功，迪斯累里在一次简短的演说中一言以蔽之："成功的秘诀在于坚持目标。"明确而坚定的目标是赢得成功的基本前提，因为坚

定目标的意义，不仅在于面对种种挫折与困难时能百折不挠，抓住成功的契机，让梦想一步步变为现实，更重要的还在于身处逆境能产生巨大的奋进激情，使自己的潜能得到最大限度的发掘与释放。

哈佛大学有一个非常著名的关于目标对人生影响的跟踪调查。调查的对象是一群智力、学历、环境等条件都差不多的大学毕业生。结果是这样的：27%的人，没有目标；60%的人，目标模糊；10%的人，有清晰但比较短期的目标；3%的人，有清晰而长远的目标。以后的25年，他们开始了自己的职业生涯。25年后，哈佛再次对这群学生进行了跟踪调查。结果是这样的：3%的人，25年间朝着一个方向不懈努力，几乎都成为社会各界的成功人士，其中不乏行业领袖、社会精英；10%的人，他们的短期目标不断地实现，成为各个领域中的专业人士，大多生活在社会的中上层；60%的人，他们安稳地生活与工作，但没有什么特别的成绩，生活在社会的中下层；剩下27%的人，他们的生活没有目标，过得很不如意，并且常常抱怨他人，抱怨社会，抱怨这个"不肯给他们机会"的世界。其实，他们之间的差别仅仅在于：25年前，有些人知道自己到底要什么，而有些人则不清楚或不是很清楚。

还有一个故事，同样说明了清晰的目标和方向对我们人生成功的重要意义。

比塞尔是西撒哈拉沙漠中的一个小村庄，它靠在一块1.5平方千米的绿洲旁。可是，在肯·莱文1926年发现它之前，这儿的人没有一个走出过大沙漠。肯·莱文作为英国皇家学院的院士，当然不相信这种说法。他用手语向这里的人问其原因，结果每个人的回答都是一样：从这儿无论向哪个方向走，最后都还是要转到这个地方来。为了证实这种说法的真伪，他做了一次实验，从比塞尔向北走，结果三天半就走了出来。

　　比塞尔人走不出来的原因是什么呢？肯·莱感到非常奇怪。为了弄清楚这个原因，他雇了一个比塞尔人，让他带路，看看究竟是怎么回事？他们带了半个月的水，牵上两匹骆驼，肯·莱文收起指南针等现代化设备，只拄一根木棍跟在后面。10天过去了，他们走了数百英里的路程，第11天的早晨，一块绿洲出现在眼前。他们果然又回到了比塞尔。这一次肯·莱文终于明白了，比塞尔人之所以走不出沙漠，是因为他们根本没有认识北斗星。

　　在一望无际的沙漠里，一个人如果凭着感觉往前走，他会走出许许多多、大小不一的圆圈，最后的足迹十有八九是一把卷尺的形状。比塞尔村处在浩瀚的沙漠中间，方圆上千公里没有一点参照物，若没有认识北斗星又没有指南针，想走出沙漠，确实是不可能的。

　　肯·莱文在离开比塞尔时，带了上次和他合作的人。他告诉这位小伙子，只要白天休息，夜晚朝北面那颗最亮的星走，就能走出沙漠。阿古特尔跟着肯·莱文，3天之后果然来到了大漠的边缘。

　　现在，比塞尔已是西撒哈拉沙漠中一颗明珠，每年有数以万计的旅游者来到这儿，阿古特尔作为比塞尔的开拓者，他的铜像被竖在小城中央。铜像的底座上刻着一行字：新生活是从选定方向开始的。

　　从以上两个例子，我们可以看出——成功，需要明确的目标和方向。用简单的数学知识来说，两点之间，直线最短。假设以相同的速度行进，如果一个人看到明确的目标，他就会和第二个故事中的肯·文莱一样，努力以直线前进，很快就会到达他的目的地；而如果一个人没有看到目标，他就会像在浩瀚沙漠中完全凭着感觉在摸索的比塞尔人一样，漫无目的，曲折前行，而且最终可能会发现，自己又回到了起点，或经过多年的辛勤努力后，却依然两手空空，一无所获。一个人无论他多大年龄，他真正的人生之旅是从设定目

标那一天开始的。至于以前的日子，只不过是在绕圈子而已。

目标像分水岭一样，轻而易举地把资质相似的人们分为少数的精英和多数的平庸之辈。前者主宰了自己的命运，后者随波逐流而枉度一生。当一个人下定决心之后，往往没什么能阻止他达到目标。一旦有了成功的渴求，就会产生强烈的使命感与责任感并为之拼搏。西方有句谚语：你想要的尽管拿去，只要付出相应的代价就行。有位哲人说："决心攀登高峰的人，总能找到道路。"强烈的动机可以驱使人超越诸多困境，无需扬鞭自奋蹄。如果你至今仍不清楚自己希望达到怎样的人生高度，那就请把你的目标写下来，矢志不渝地向着心中的目标拼搏进取。如此一来，你就会敏锐地捕捉到成功的契机，顺利抵达理想的境地。只有我们给自己的人生设定了目标，我们内心深处那个勇敢、坚定、执着、不畏艰险的自我才会走出来，我们才能最大程度地激发自己的潜能，更好地迎接人生路上的各种挑战。

目标就是自我实现

一个人有了目标，就能很好地为自己定位，就能自我实现。茫茫宇宙之中，我们力所能及、能够使自己变好的，就是自我实现。

比尔是实现自我这一领域的开创者，他最早的研究纯粹出于偶然。在求学期间，他遇到了两位令他非常钦佩的老师。在比尔看来，他们属于人类极少的拥有某些特殊品质的那一部分人。他非常希望了解，他们是如何成长的，而后，他的兴趣又由这两个人扩展到这一类人，早先纯粹出于兴趣驱使而进行的非常不正规的研究，逐步

发展成更深入、成体系的研究。

比尔的研究对象都是一些年长者，他们的成就已经举世公认。此外，也有一些被选对象是因其健康、坚强而有创造力的人生而入选。这一研究的目的，按照比尔的构想，是要发现这些人身上具有的那些特殊的、从而也是普通人身上不具备的品质、习性。这些人，他们在各自的领域都达到了某种巅峰状态，他们就是他所称的"自我实现"的人。

比尔博士在研究报告中指出，这些人的一个共同的特点就是，他们都让自己投身于一个外在于自己、高于自己的事业。工作在他们看来是一种召唤、一种使命，不仅不是累赘而且是非常珍贵的经历。他们所致力的，正是命运召唤他们去做、他们也深深热爱的事情。在他们那里，并没有通常人们所说的工作和娱乐的差别。

比尔博士认为，自我实现的含义就是"充分、生动、忘我地去体验，全身心地投入，"它完全摒弃了自我意识。自我实现的过程，就是不断选择的过程。我们可以选择一种充满焦虑的生活，可以选择安稳，也可以选择不断进步。追求进步，就意味着追求自我的实现。

在追求自我实现的过程中，还有一些步骤是必不可少的，这包括倾听自己，对自己坦白，对自己负责。一个人自我实现的过程，就是他逐步了解自己人生、了解自己使命的过程。只有认真倾听自己的人，才可能为自己做出明智的选择。只要是自己的愿望，即使不为人认可，即使千夫所指，也丝毫不必畏缩。

自我实现是一个不断往前的过程，它意味着我们必须运用我们的智慧，要经历长途跋涉，才能达到最终的目的地。

自我实现就是一个逐渐了解自己的本来面目、了解自己的爱憎喜恶和未来方向的过程。自我实现的人是那些基本需求已经满足的人，他们现在所拥有的，是友爱、归属、自尊和受人尊敬。

27

那些已经实现了自我的人，我们一眼就可以辨认出来。他们在谈论自己的工作或未来方案的时候，总是充满信心，让人感到他们正是最合适的人选，他们注定就是要完成这一切的。自我实现的人，他们的金钱观也是与众不同的。对于他们，生命中最重要的时刻是他们从事自己所热爱的事业的时刻。他们并不轻视金钱，也承认它的重要，但并不把它视为最重要的目标或终极目标。工作对他们而言就是酬劳。这些自我实现的人都知道自己的事业所在，都非常强烈地认同自己的工作，工作已经成为他们生命中不可缺少的一部分。他们在工作中看重的不是结果，过程本身就带给他们无穷的快乐。由外部的经历而能获得内在的快乐，这是更高的满足。

比尔有一部名著《人性所能达到的境界》。在书中，他列举了自我实现的人所拥有的动机、所获得的满足：

（1）他们因为阻止了残暴和剥削而喜悦；

（2）他们愿意见到自己因德行而获报偿；

（3）他们乐于善始善终，使事情完满；

（4）他们尽力使事情变好，除恶扬善；

（5）他们助人为乐；

……

（19）他们认为，应该为每个人提供同等的机会，使人各尽其才；

（20）他们不以自己的幸福为满足，希望看到或者帮助别人也获得幸福；

（21）他们都看重自己工作的意义。

事实上，在阅读本书之后，你也可以去发展这些品质，成为和他们一样的自我实现的人。只要我们有决心、有目标，什么都不能阻挡我们。

制订的目标要切实可行

人的潜力是无穷无尽的。要发挥潜能，就必须集中精力，做自己最擅长并且能得到高回报的事情。目标能让你集中精力。

没有目标的人生就像没有舵的船，永远在大海里漂流不定，没有方向。

很多年前，报纸上有一则关于大量鲸鱼死在一个港湾内的报道。有300多条鲸鱼在追逐沙丁鱼时，不知不觉被引到一个浅水湾里。一群不起眼的小鱼竟把这些"巨人"带向了死亡。鲸鱼为了追逐不值一提的蝇头小利，不但白白地耗费了自身的力量，还丢掉了宝贵的性命。

那些没有目标的人，就像鲸鱼一样，虽然拥有巨大的能量和潜力，却全都浪费在小事情上，而这些小事情让他们忘记了自己应该去做的事情。也就是说，要发挥潜能，就必须集中精力，做自己最擅长并且能得到高回报的事情。目标能让你集中精力。如果你在你的优势方面不断集中精力，不断实践，你就能逐渐地靠近它。所以，你成为什么样的人要比你得到什么东西重要得多。

目标并不代表你追求的最终结果，它只是你成功路上的里程碑。

当你定下一个成功的目标的时候，它就不止在一个方面起作用。它是你努力的依据，也是鞭策你的动力。目标是一个看得见的靶子，当你越接近成功时，你就越有成就感。对很多人来讲，制订和实现目标就好比一场比赛。当你的目标一个又一个地实现的时候，你的思维方式和行为方式也会逐渐地改变。

但是，更重要的是你的目标必须是具体的，能实现的。目标不够具体，你就不能确定自己究竟离目标有多远，就会泄气，最后你很可能会放弃，结果仍然是一无所获。

费罗伦丝·查德威克是第一个游过英吉利海峡的女人。可是，在她第一次游的时候却失败了，为什么呢？我们来看一下她的经历。

1952 年 7 月 4 日早上，浓雾笼罩着加利福尼亚的海岸。在海岸西面的卡塔林纳岛上，费罗伦丝·查德威克跳入了太平洋里，开始游向对岸。

这天，冰冷的海水让她浑身发抖，雾浓得几乎看不见护送她的船只，时间一点点地流逝，成千上万的人在电视前观看这场直播。有几次，护送她的人把她身边的鲨鱼赶跑了。在这种情况下，最大的困难不是疲劳，而是低温。

过了 15 个钟头，冰冷的海水让她几乎失去了知觉。她觉得自己不能再坚持下去了，就让救护人员拉她上船。她的母亲和教练在另外一条船上。他们都对她说，离海岸已经很近了，让她千万别放弃。可是，她向对面望去，除了雾什么都看不见。

又过了几十分钟，也就是入水 15 个小时 55 分钟之后，人们拉她上船。几个钟头后，她终于暖和过来了，但失败的打击使她内心很难平静。她毫不犹豫地对记者说："真的，我不是找借口。如果当时我能看到陆地，我就能坚持下来。"

是的，她上船的时候，离加州的海岸只有半海里路。让她功亏一篑的不是疲劳和寒冷，而是看不到目标。查德威克小姐一生中只有这一次没有坚持到底。两个月后，她在做第二次尝试的时候取得了成功，而且纪录比男子还快了两个钟头。

虽然查德威克是个游泳健将，但也要有看到的目标才行。所以，在计划自己的将来时，一定要记住，必须制订一个可测、可行的目标。

目标就是成功的方向

没有目标，就等于失去行动的方向。这个道理再简单不过了。但为什么有很多人总是找不到自己的目标呢？原因就在于他们没有确定自己的目标。那些在 35 岁之前成功的人士，非常善于在行动之前，通过自己的思维和判断来找到一个适合自己能力发展的目标，因为在他们看来，找准目标就等于成功了一半。

在工作中，有的人喜欢干到哪儿算到哪儿，从来没有一个长远的计划和明确的目标。这种弱点使他们被永远地拒绝在成功的门外。一个人只有先有目标，才有成功的希望，才有前进的方向。

美国电影演员理查德·伯顿通过切身体验发现，制订一个目标至关重要！他是一个享有盛誉的演员，事业上颇有成就。可有一次，他表演失败了，一时想不开，便常常喝得酩酊大醉，想以此来解除烦恼，结果是借酒消愁愁更愁，不仅糟蹋了自己的身体，而且糟蹋了自己的艺术生命。

伯顿的好几个朋友也有过类似的经历，其中一位是电影演员皮特·奥图尔。当时，奥图尔的私人医生向他严厉地指出，在他面前摆着两条路：要么去戒酒，要么去殡仪馆。经过一番斗争，奥图尔最后戒了酒。

伯顿在其主演的影片《部族的人》获得极大成功后，也决心要戒酒。他逐渐感到，由于酒喝得太多，使得他连台词都记不住了。他说："我很想见见与我合作过的那些演员，我知道他们都是好样的，可我现在连一个单独的镜头都回忆不起来了。"

这一痛苦经历促使他产生了彻底改变自己生活的强烈愿望。

他为自己制订了一个具体目标，即严格地节制——过一种告别酒精的无忧无虑的生活。他对自己期望的东西进行了明确的描述，甚至对与喝酒的朋友在一起相处会损失什么也着实考虑了一番。他明白，在漫长的人生过程中，他必须改掉身上的不良习惯。他相信，只要确定了某个具体目标，他就一定能实现它。

伯顿为自己制订了理疗计划，每天游泳、散步，平常禁止喝酒。

经过两年时间的不懈努力，他终于达到了目的。他重新组建了一个家庭，过着美满幸福的新生活。他兴奋地说："我的工作能力完全恢复了，我发现自己比酗酒以前更敏捷，精力更充沛，脑子转得也更快了。"

伯顿成功了。你也应该培养自己的某些强烈期望，并把它们转变成你生活中的具体目标。

心理学上有一种"自我暗示"的方法，即运用潜意识将你的明确目标深深地刻印在心中。拿破仑借助此法，使自己从出身低微的科西嘉穷人，最后成为法国君主。林肯也是借助于同样的方法，跨越了一道宽广的鸿沟，从而走出肯塔基山区的一栋小木屋，最后成为美国总统。

潜意识也许可以比做一块磁铁，当它被赋予功用，与任何明确目标发生关系之后，它就会吸引住达成这项目标所必备的条件。在每一片草叶以及每一棵树木身上，你都可以看到这项原则的证据。橡树的种子从泥土及空气中汲取必要的物质，使它得以长成一棵大橡树。它绝不会长成一棵一半是橡树、一半是杨树的怪树。

我们再从经济的角度来考虑这个问题，如果一艘轮船在大海中失去了方向舵，就会在海上打转，很快就会把燃料用完，但仍然到不了岸。事实上，它所用掉的燃料，已足够使它来往好几次。

　　一个人若是没有明确的目标，以及达成这项明确目标的明确计划，不管他如何努力工作，都像是一艘失去方向舵的轮船，光凭辛勤的工作和一颗善良的心，不足以使一个人获得成功。这是因为，如果一个人并未在他心中确定自己所希望的明确目标，他又怎能知道自己已经获得了成功呢？

　　在一个人选好工作上的一项明确目标之前，他会把他的精力和思想浪费在很多项目上。这不但使他无法获得任何能力，反而使他变得优柔寡断和怯弱不堪。当他把所有能力组合起来，向着生命中一项明确目标前进时，他就充分利用了合作或凝聚的方法，从而产生了巨大的力量。一个人过去或现在的情况并不重要，将来想要获得什么成就才最重要。你对未来要有理想，否则做不出什么大事来。

　　目标是对于所期望成就的事业的真正决心。目标比幻想好得多，因为它可以实现。

化整为零，分步实现

　　20 几岁的年轻人当中，很多人误以为自己能一步登天，常梦想一举成名，一下成为成功者。实际上，这是不可能的。一是由于你的能力并不够，二是由于成功必须经过长久磨炼。因此，真正的优秀人物都善于化整为零，分步实现。

　　有人说，我将来长大要做一个伟大的人物，这个目标太不具体了。目标必须具体，比如你想把英文学好，那么你就制订一个目标，每天一定要背 20 个单词、一篇文章，要求自己在一年之内能看懂英文书报。由于你制订的目标很具体，并能按部就班地去做，目标就

很容易达到。有人曾经做过这样一个试验，他把人分成两组，让他们去跳高。两组人身高都差不多，先是一起跳了 7 尺。然后，把他们分成两组，对其中一组说："你们能跳过 7 尺 5 寸。"而对另一组只说："你们能跳得更高。"然后，让他们分别去跳。结果，第一组由于有 7 尺 5 寸这样的一个具体且实际的要求，他们每个人都跳得很高，而第二组因为没有具体的目标，只跳过 6 尺多一点。为什么呢？就是因为第一组有一个具体且实际的目标。

有的人看上去好像是一举成功的，但如果你仔细研究他们的经历，你会发现他们以前就已经奠定了牢固的基础。那些像泡沫式成功的人，永远是靠不住的。他们没有任何牢固的基础，最终会轻易地失去一切。

约翰是一位拥有出色业绩的推销员，他一直希望能跻身于销售最高业绩者的行列中。一开始，这只不过是他的一个愿望，从没有真正去争取过。直到 3 年后的一天，他想起了一句话："如果让愿望更加明确，就会有实现的一天。"

于是，他当晚就开始设定自己希望的总业绩，然后再逐渐增加，这里提高 5%，那里提高 10%，结果顾客增加了 20%，甚至更高。这极大地激发了约翰的热情。从此，他不论碰到什么状况，任何交易，都会设定一个明确的数字作为目标，并在一两个月内完成。

"我觉得，目标越是明确，越感到自己对达成目标有着强烈的自信与决心。"约翰说，他的计划里包括"我想得到的地位、我想得到的收入、我想具有的能力"。然后，他把所有的访问都准备得充分完善，相关的业界知识加上多方面的努力积累，终于使自己的业绩创造了空前的纪录，以后的年头效果更佳。

由此，约翰自己得出一个结论："以前，我不是不曾考虑过要扩展业绩、提升自己的工作成就。但是，因为我从来只是想想而已，不曾付诸行动，当然所有的愿望都落空了。自从我明确设立了目标，以及为了切实实现目标而设定具体的数字和期限后，我才真正感觉到，强大的推动力正在鞭策我去达成它。"

在日常生活、工作中，我们都会有自己的目标，达到目标的关键在于把目标进一步细化、具体化。

一座建筑是由一砖一瓦砌成的，每块砖每块瓦本身显得并不重要。同样的道理，成功者的一生是由无数个看上去微不足道的小方面构成的。

请时刻牢记这样一个问题：这有助于我实现自己的目标吗？用它去评价你做的每一件事，如果回答是不，即回头；反之，则要继续向前。

美国著名作家赛瓦里德说："当我放弃我的工作而打算写一本25万字的书时，我从不让自己过多地考虑整个写作计划涉及的繁重劳动和巨大牺牲。我想的只是下一段，不是下一页，更不是下一章如何去写。整整6个月，我除了一段一段地开始外，我没想过其他方法。结果，书自然写成了。"

"循序渐进"的原则对赛瓦里德起到了重要作用，对你也会一样。

目光放远，目标放大

如果你做过徒步旅行，如果你走过远路，如果你参加过长跑比赛，你就一定有过这样的体会：当你决定只走五千米或跑五千米的时候，那么，在你走到三千米处或四千米处的时候，你可能会因感到疲劳而松懈自己，心里一定会想，快到目标了，还是缓一口气吧！

但是，如果你的目标是五十千米，那么又将怎样呢？可以肯定地说，你绝对不会产生要在三千米或者四千米处歇一歇的想法。

这是因为，你的目标如果太小、离你太近的话，你就不会在精神和身体方面去积极准备，这种心理就使得你身上的潜能不会释放出来。因此，走不了多远你就会松懈。但如果你的目标很大，离现在的你很远，那么你在制订目标之后就会积极地进行心理等方面的准备。这样一来，你的心态就变得异常活跃、积极。你的潜能就会大量地释放出来，从而使你有足够的精力向更远的目的地进发。由此可见，只有确立了远大的目标的人，才有可能走得更远一些。

这个道理同样适用于制订一切目标。譬如说一个学生，如果他只是以拿到毕业证为自己的学习目标，那么，他的学习就会得过且过，不求甚解，他的学习成绩一般也不会比 60 分高出许多。对于一个员工来说，如果他只以赚钱养活自己的妻子儿女为自己的人生目标，他一辈子都可能在一种疲于奔命的状态中工作，而他赚的钱也许就刚刚能够养活自己的妻子儿女。即便有可能多赚一些，也多不到哪里去。对于一个运动员来说，如果他的人生目标只是能在地方队混碗饭吃，就永远进不了国家队，更谈不上打破世界纪录了。

这么说可能会有些绝对，但在一般情况下奇迹是不会发生的。因为一个人的人生目标其实就是人生前进的方向，同时也是人生前进的动力。如果目标过小，方向固然容易把握，却会导致人生前进的动力不足。只有树立了远大的目标，人生前进的动力才能非常充足。因此，一个人的人生目标的大小在很大程度上决定其一生成就的大小。也正因如此，我们在教育青少年时，要求他们从小就要树立远大的理想和抱负，要有远大的人生目标，要志存高远。

什么样的目标才能称得上是远大的目标呢？比如说，你想成为一个社会活动家或政治家，那么你的志向和目标就要定位为国家的

利益和人类的发展，为全人类的和平事业而奋斗，你就一定要使自己成为一个能够产生世界影响的社会活动家及政治家，你就要向安南这样世界著名的政治家看齐。如果你想从事音乐事业，那么你的目标就应是成为一个世界一流的音乐大师，要为人类的音乐事业而献身。如果你想成为一名军人，那么你的人生目标就不能仅仅停留在成为一个普通士兵上，你一定要把自己打造成一名将军。如果你是一位商人，你不能仅仅满足于只赚够生存的钱财，你也应把你的人生目标尽量地做大，你要把你的生意做遍全世界。只有这样的目标，才能称得上是真正远大的目标。说到底，所谓远大的目标，就是无论在做什么事的时候，你都得有梦想，甚至要有"野心"。你一定要把自己的目光看得远一点，一定不能仅仅只看到眼前的一点点。只有具有远大的目标，你才会一切从大处着想，想方设法地调动和挖掘你身上的潜能去解决大问题。只有具有远大的目标，你才会不遗余力地去增强你的本领，才会如饥似渴地去吸收和学习更多的知识和技能。只有具有远大的目标，你才能有过人的胸怀，你才不会斤斤计较，你才能够在必要的时候超越个人的荣辱得失，做出某些重大的牺牲。只有具有远大的目标，你才能为更多的人服务，从而也使你的人生价值得以充分地体现。

伟人之所以伟大，首先是因为他志向远大，他从自己步入社会的那一刻起，就为自己设定了远大的人生目标。其次，在追求自己远大的人生目标的过程中，他会不断地丰富自己的知识与技能，不断地完善自己的意志与品格，一步一步地把自己的梦想变为现实。而在这样一种实践远大人生目标的过程中，他就会逐渐变得拥有超乎常人的知识、能力以及博大的胸怀，变成一个大公无私的人，以自己独特的方式为国家、为人民甚至为全人类的文明进步而做出贡献。当他成功地做到这些的时候，他就会得到全社会的认可与尊敬。

明确人生的目标

我们出生时的条件并不重要，重要的是拥有去争取一切我们想要的东西的"人生指南针"。

对那些老是在生活中迷失方向的人来讲，最痛苦的事莫过于：别人朝着已有的指针行进着，并且每天都有收获；而自己由于各方面的原因，整天就像无头苍蝇一样，撞到哪儿算哪儿。成大事者时刻注意在人生的各个阶段精心打造生活的指南针，争取做到环环相扣、有条有理。

一个人想要过一个理想圆满的人生，就必须先拟定一个清晰、明确的人生指南针。

所谓"人生"，是指人生的目标与理想。为了达到这个目标，就必须运用合理而有效地克服劣势"战术"——为了实现"指南针"而采用的手段。

由于"战略""战术"有时具有特定的意味，有些人便以为是为别人而设的，实际上是针对自己而言的。我们这里所说的"指南针"具有理想性和崇高性，而"战术"则具有合理性和实用性——是用正当而合理有效的手段为克服生存劣势、成功寻找积极和先进的目标。

正是因为有了目标，人生才变得充满意义，一切似乎清晰、明朗地摆在你的面前。什么是应当去做的，什么是不应当去做的，为什么而做，为谁而做，所有的要素都是那么明显而清晰。

于是，我们就会为了实现这些目标而发挥更大的心力，一种克

服劣势而发挥优势的状态便灿然显现。在为实现由劣势而优势的过程中，人生的乐趣与韵味昭然若揭。于是，生活便会添加更多的活力与激情，我们自身隐匿的潜能也会迸发出来。常常有意识地创造出这样的情势，使人生更加成功、更加丰富的原则、原理就是"指南针"。

对很多人来说，改变自我是一种极大的痛苦，但对那些决心要改造自身劣势的人来讲，改变自我却是一种乐趣和幸福，因为他们是在为成功人生而对自己负责。

人生的乐趣存在于一切日常生活之中，存在于一切为了成功而采取的自我改造之中。试问，我们之中有几个人能够自信地说："我脱胎换骨式地改变自我，是正在享受人生的乐趣。"又有多少人能清楚地说出自己感到最高兴、最激动的事情是把自身的劣势变成优势呢？其实，这个看似平淡无奇的问题，深深地思索一下，没有多少人能轻易地回答出来。谁都有过幸福的生活，但什么才是幸福的人生？怎样才能得到真正的幸福？假如我们对这些问题模糊不清的话，我们就绝不会知道明天该采取什么样的行动，才会使人生变得更加充实和富有意义，更加具有目的性。

我们必须仔细地思考一下这些问题：自己想做什么？想过怎样的生活？自己和别人、社会想保持怎样的优势关系？在哪一种状态之中自己会感到最满意？作为个体的人来讲，也要给自己确定一个努力的方向——人生的定位。

要成功，必须确立人生的定位。先要清楚自己，将自己摆在整个社会的宏观世界之中，了解自己所处的位置，然后以你现在所处的位置为基础，为自己设立一个更高层面的定位。这就是我们通常所讲的改变劣势的目标与理想。

当我们在思索人生的时候，追溯其原点，不外乎是基于作为个体存在的人的梦想与目标，而这些梦想又构成了我们整个的人生。当然，在我们实现梦想的过程中，也不能无视社会背景的存在。由于每个人的人生观及其价值取向都会因其文化背景、生活环境、宗教信仰等方面的差异而有所不同，每个人的人生定位也会大相径庭，所要求的人生目标也会大为不同。例如，有的人寻求的是物质上的富足，而有的人渴望的却是精神上的超脱。因此，正确地确立自己的人生定位，是非常重要的，而基于其上的目标与梦想将会引导我们度过美满的人生。确立人生定位战略是为了人生的幸福，因为它，才使人生过得更有意义。除此之外，它也是"人生指南针"的最高战略。具体来讲，改变自己的一生，赋予其更重要的梦想、目标以及价值观的，就是自己的人生定位，即人生的最高战略。

环境的劣势能够制约人的发展，但成功的人可以把劣势变为优势。

一个想要摆脱生存困境、改变自己生存劣势的人，在人生定位这个问题上必须要有准确的判断，要能在自己最喜欢的"行当"里淋漓尽致地发挥优势。否则，入错了行，你就会在很多人面前处于下风，处处感觉到自己处于劣势状态。所以，要想成功，心中不能没有指南针。

汉斯·季默从小便迷上了音乐，心中有一个"人生指南针"——当音乐大师，可他当时只是德国法兰克福的一个钳工。他买不起昂贵的钢琴，就自己用纸板制作模拟黑白键盘。他练习贝多芬的《命运交响曲》时，竟把十指磨出了老茧。后来，他用作曲挣来的稿费买了架"老爷"钢琴，钢琴使他如虎添翼，并最终成为好莱坞电影音乐的主创人员。

他为作曲而不时走火入魔，忘了与恋人的约会那更是家常便饭，惹得女友骂他是"音乐白痴""神经病"。婚后，他帮妻子蒸的饭经

常变成"红烧大米"。有一次，他煮加州牛肉面，边煮边用粉笔在地板上写曲子，结果是面条煮成了粥。

他不管走路还是乘地铁，总忘不了在本子上记下即兴的乐句，当做创作新曲的素材。有时他从梦中醒来，会打着手电筒写曲子。汉斯·季默在第 67 届奥斯卡颁奖大会上以闻名于世的动画片《狮子王》荣获最佳音乐奖。这一天正是他的 37 岁生日。

我们羡慕那些成功人士所获得的鲜花、掌声，却往往忽略了在这些成功者背后的艰辛。我们出生时的条件并不重要，重要的是拥有去争取一切我们想要的东西的"人生指南针"。

是的，只要精心找出指南针，你就能迈上人生的成功之路。

以长期目标作人生的理想

人拥有一个长期的奋斗目标，才能燃起对生活的热情。同时，正因为有了这种大目标，人生才能有极大的发展。这种长期目标并不只限于一个，可以同时拥有两个或三个以上，但是，关键要看看你有多少自信，才能燃起多少热情来。

拥有人生大目标，就是给你人生的斗志及热情。同时，长期维持着这种热情或斗志，一方面培养"必定会成功"的信念，你的愿望就会深深地刻在心灵深处，你的运势也会随之慢慢地转换到好的方向。所以，长期目标是至关重要的。

如果以短期目标来解决身边的问题，同时又不忘记为 10 年或 20 年后的事确立目标，而且以一生这种长期目标来继续努力下去的话，你一定会成为人生的成功者。

　　没有长期的目标，你就会被短期的种种挫折击倒。理由很简单，没人能像你一样关心你的成功。你可能偶尔觉得有人阻碍你的道路，而故意阻止你进步，但实际上阻碍你进步最大的人就是你自己。其他人可以使你暂时停止，而你是唯一能永远做下去的人。

　　如果你没有长期的目标，暂时的阻碍也可能构成无法避免的挫折。家庭问题、疾病、车祸及其他你无法控制的种种情况，都可能是重大的阻碍。而在你有了长期的人生目标后，你就会对消极以及积极的情况作出正确的反应。你会学到：一次挫折（不管多严重）可以成为进步的踏脚石，而不一定是绊脚石。

　　当你设定了长期目标后，开始时不要尝试克服所有的阻碍。如果所有的困难一开始就清除得一干二净，便没有人愿意尝试有意义的事情了。你今天早上离家之前，打电话到交通岗询问所有的路口交通灯是否都变绿了，交通警可能会认为你不通人性。你应知道，你是一个一个地通过红绿灯，你不仅能走到你能看到的那么远的地方，而且当你到达那里时，你经常都能见到更远。

　　查理·库冷先生曾以一种颇有意义的方式表示了他的创意。他说："成为伟大的机会并不像急流般的尼亚加拉瀑布那样倾泻而下，而是缓慢的一点一滴。"

　　一般说来，伟大与接近伟大的差异就是领悟到如果你期望伟大，你就必须每天朝着目标工作。举重选手都知道，如果他想成就伟大的目标，就必须每天去锻炼肌肉，每一对想养育出有教养的可爱孩子的父母，都知道人格与信仰是每天不断培养的结果。

　　乔治·西屋一生总共获得361项专利，被人们誉为"发明奇才"，是美国杰出的发明家和企业家。他亲手创办了6家世界一流的企业，为美国的工业发展奠定了基石。乔治之所以能获得如此辉煌的成就，主要靠的是把一个远大的目标当做自己的人生理想。

　　1846 年 10 月 6 日，乔治出生于美国纽约州史哈利山谷的中心桥小镇。他的父亲精明能干，开办了一个工具和机器店。小乔治倔强任性，才智过人，对父亲工厂里的机器有着浓厚的兴趣。12 岁那年，由于他的坚持，父亲不得不允许他到机器工厂去当一名普通工人。在一个炎热的星期六下午，父亲让他独自一人加班切割一批铁管子。开始，乔治用手锯锯铁管，又慢又累。用什么办法才能在规定时间内完成任务呢？突然，巨大的蒸汽机吸引了乔治的视线。这个给了他灵感，他感觉到如果把锯固定在蒸汽机上，造成一个机械锯。这样一来，一根铁管子几秒钟就锯好了。从此，乔治对蒸汽机产生了浓厚的兴趣。他阅读了大量有关的书籍，发现当时的蒸汽机都是由密封汽缸里的活塞上下移动来带动皮带把力送到机械上的，又笨重效能又很差。乔治就设想，如果把往复式引擎改成旋转式的，既节省了材料又增强了效力。经过几年的艰苦努力，反复试验，终于获得了成功。15 岁那年，他获得了回旋机的专利证书。这是乔治一生中的第一项专利。从此，他燃起了发明创造的蓬勃激情。

　　1865 年，美国内战结束。在退役回家的路上，乔治坐的火车出轨，车上的人被撞得东倒西歪。当乔治了解到火车出轨的事经常发生时，他那天才的头脑便萌发出一个奇妙的想法：研制一种防止火车出轨的机器。亲友们认为此事难度大而反对，乔治力排众议，博览群书，经过艰苦的探索，终于设计出了"火车出轨还原器"，从此开始了他辉煌的事业。后来，他又运用压缩空气的原理，发明了空气制动器，彻底解决了火车刹车问题。这是 19 世纪最伟大的发明之一。至今，西屋企业仍在这一行业中享有霸权。

　　乔治是伟大的发明家，是不畏艰险勇于探索的实干家。他把改善人类的生活水平，为人类谋福利作为自己的人生目标。因此，他根据实际生活的需要，不断创造发明新产品，开辟新领域。也正因

43

如此，他的发明创造不仅为个人带来了财富，也促进了人类文明的发展。他设计的电气机车，改善了交通工具；他把交流电用于日常生活，对人类的电气化作出了巨大贡献。由于他开发了天然气，匹兹堡成为工业重镇。他对尼加拉瀑布电力的成功开发，使尼加拉城在短短几年内就走向繁荣。有人在评价他这项成就时说："他的才能，无异于天方夜谭中的阿拉丁。他虽没有如意神灯，但电灯的力量也照样能使不毛之地变成天堂。"

乔治以造福人类作为一生的奋斗目标，因此，他想尽办法赚钱赢利，却决不唯利是图；他费尽心思扩大企业，却从不弄虚作假。凡是他设计制造的产品，他都力求做到尽善尽美。尤其是关系人们生命安全的产品，他更是以高度的责任心不断完善。在窑制动器刚刚占领市场的时候，产品效果良好，他却花了 25 万元去进一步改良，这给刚刚起步的企业带来了很大困难，但产品最终以上乘的质量赢得了顾客。还有一次，顾客反映一批灯泡做得不合格，乔立即开除了业务经理，并且说："任何产品不到十全十美的程度，决不能卖给顾客。"

当今，西屋企业的高质量已享誉全球。

乔治·西屋是一位天才的发明家，一位卓越的企业家，又是一位伟大的人道主义者和理想主义者。他为人类的生活幸福辛勤工作了一生，实现了自己的理想目标。

目标是人格最好的显示器，它包括奉献、训练与决心。我们确定的长期目标会帮助我们实现梦想的目标。

确定自己的人生道路

目标越高远，风险越严重，你的荣耀也将越发显得伟大。

我们之所以是我们，是因为我们有思想。如果你确定了自己的目标，确定了自己的生活方式，或者，你渴望也能够拥有某些感受。这时候，你应该动用你的思想，为自己找到一条往前的路。你的想象力，你的创造力，还有你的梦想，都应该释放出来。你需要用你自己的理智去判断，自己真正需要什么，同时去体验自己真正希望拥有的体验。不要让习惯、担心或者过往的信念束缚自己的想象力。在你为自己的未来勾画出一幅蓝图的同时，你就已经在走向它了。

这并不是白日做梦。我自己就每天都去幻想未来，以此给自己动力。这一点你也可以做到。而你的今天，很可能就是你过去拥有的想象的结果。

借助这样的想象，我们的思想也转化成了行动，最终可以实现自己的愿望。所以，不要轻视、更不要害怕想象，要大胆运用自己的想象力、创造力，为自己勾勒未来无限的可能性。让你的思考打破禁锢，为自己描绘一下你希望达到的终极图景吧。然后，就把你从前的那些想法抛到一边，不要再让它们成为你前进路上的绊脚石。

在实现目标的时候，思想是最有力、最可以借重的武器。第一步必须是先把我们全部的思想、全部的能量都集中到目标上，这样才会有第二步——达到目标。无论你追求什么，仅仅说"我希望""我愿意"，是远远不够的。你要自己立下决心，破釜沉舟，这样才可能成功。

45

可以说，决定我们成功与否的，不是外部环境条件，而是我们内心的想法。所以，在你动手之前，先要在内心让自己相信自己会成功，让自己相信自己最终会实现自己的愿望，会坚持不懈、持之以恒地向自己的目标迈进。

我们的生活会是什么样子，很大程度上取决于你用怎样的眼光去看待它。如果你觉得自己已经不堪重负，各种压力快要把你压垮，经济上也没有改善的希望，那么，未来你的生活状态很可能就是这样。这时候，你应该换一种眼光，你应该想象自己的另一种生活状态，热情饱满，精神振作，浑身有使不完的力量。比如，如果你希望有一座豪宅，希望事业一帆风顺，或者，希望与周围相处融洽，你可以先尝试想象自己已经拥有了这一切。无论自己希望什么，都可以在脑海里先勾勒出一幅你已经实现目标的生动场景。要这么做，你必须打破旧的思维模式，先在自己的思想里去寻找、去融入自己所希望的生活。

人们一旦意识到自己拥有那么强大的思想力量，他就会无比自信。这时候，他丝毫不害怕让自己去追求一个更高的目标，因为他已经意识到，就从他最初产生这个想法开始，他必定可以实现它。

第三章　行动法则：行动是成功的前提

敢想更要敢做

20 几岁的年轻人的最大特点就是敢想敢做。敢想可以使一个人的能力发挥到极致，也可逼得一个人献出一切，排除所有障碍。敢想使人全速前进而无后顾之忧。凡是能排除所有障碍的人，常常会屡建奇功或有意想不到的收获。

年纪轻轻不要埋怨自己的命运不好，因为唯有行动才可以改变你的命运。行动就是力量，十个空洞的幻想不如一个实际的行动。我们总是在憧憬，总是有计划而不去执行，其结果只能是一无所成。成功，一定要敢想，而且更要敢做！

无论是过去还是现在，许多成功人士在工作中都充满活力。他们以罕见的激情和热情投入工作，为自己执着追求的事业献身。

才能和本领只属于那些辛勤工作的人，权力和荣耀也只属于那些埋头苦干的人，那些无所事事的人总是无能之辈。正是那些十分勤劳和努力的人们在管理和统治着这个世界。也许正因为人们空虚、无聊，人们才变得无比残忍、缺乏人性。为了使自己逃避无聊和空虚,积极地投入工作,把自己的身心都投入到人类进步事业中去,就是最好的办法。

多与各种各样的人接触,老老实实地干自己的事情,这会激活人内在的活力,会使人增长才干,更加热爱生活。无论在什么时候,人们都能在工作中找到乐趣,在工作中找到幸福。这是一条亘古不变的原则。良好的工作习惯、严肃的工作态度、优良的品德和教养是一个人胜任工作的基本条件。

同样,受过严格科学训练的人往往能干出辉煌的事业,他们中的许多人同样是一流的实业家。这种严格的科学训练包括勤奋学习的习惯、自觉遵守纪律的习惯、善于思考的习惯等,这些都是一个成功的实业家必备的素质。受过严格科学训练的人往往善于审时度势,因时、因地、因人而变。因此,他们往往能眼观六路、耳听八方,凡事能先发制人,夺得先机。

受过严格训练的年轻人往往十分勤奋、专心,善于接受新知识,他们注重运用正确的方式、方法。因此,他们往往比没有受过专门训练的人更为敏捷、更有智谋、更具胆识。

蒙田曾指出:"那些真正的哲人、智者,如果他们在探求真理方面很伟大的话,他们在行动上也一定很伟大。无论举出什么样的证据和例子,我们都可以看出,他们的精神是那样崇高,他们的心灵是那样充实,他们的灵魂是那样高洁,他们就像是知识的海洋……这些哲人、智者高高地在太空中遨游。"

我们一定要认识到,死死地固守书本,整天苦思冥想,天长日久,形成了爱想象的习惯,这样的人在现实生活中反而会十分被动:因为他不能适应生活,没有生活能力。善于思考、会做学问是一回事,会生活、会处理实际问题又是另外一回事。

认为会读书、有知识就自然会生活,就会成为驾驭世事的能手,

这样的观点是错误的。许多人静坐书斋，洋洋万言信手拈来，但他们提出的观点在现实生活中根本就行不通。书本与生活是有距离的，只有把二者有机地融合起来的人，才是真正有用之人。

成功就是立即行动

行动不一定成功，但不行动就一定不成功。你能够使成功成为你生活中的组成部分，你能够使昨日的理想成为今天的现实。但是，你必须动手去做，才能让你的理想实现。天下没有免费的午餐。

有一位名叫西尔维亚的美国女孩，她的家庭条件很不错，父母都是有着体面工作的人。她完全有机会实现自己的理想。她从念中学的时候起，就一直梦寐以求当电视节目的主持人，她觉得自己具有这方面的才干。因为每当她和别人相处时，即便是陌生人也都愿意亲近她并和她长谈。她知道怎样从人家嘴里掏出心里话。她的朋友们称她是他们的"亲密的随身精神医生"。她自己常说："只要有人愿意给我一次上电视的机会，我相信我一定能成功。"

但是，她什么也没做，而是在长久地等待奇迹出现，希望一下子就当上电视节目的主持人。

西尔维亚就是这样不切实际地期待了10年，结果是什么奇迹也没有出现。

因为节目主管谁也没有兴趣跑到外面去发现人才，都是人才自己去找他们。再说了，也没有哪个电视台会去请一个毫无经验的人担任电视节目主持人。

可是，一个名叫辛迪的女孩却实现了同样的理想，成了著名的电视节目主持人。辛迪并没有白白地等待机会出现。她不像西尔维亚那样有可靠的经济来源，而是白天去打工，晚上在大学的舞台艺术系上课。毕业之后，她开始谋职，跑遍了洛杉矶每一个广播电台和电视台。但是，每一个地方的经理对她的答复都差不多："没有几年工作经验的人，我们是不会雇用的。"

但是，她不想就这样放弃自己的理想，她要去寻找机会、发现机会。她一连几个月仔细阅读广播电视方面的杂志，最后终于看到一则招聘广告：北达科他州有一家很小的电视台招聘一名预报天气的女主持人。

辛迪是加州人，不喜欢北方。但是，有没有阳光、是不是下雪都没有关系，她只是希望找到一份和电视有关的职业，干什么都行！她抓住这个工作机会，动身到北达科他州。

辛迪在北达科他州工作了两年，最后在洛杉矶的电视台找到了一个工作。又过了 5 年，她终于得到提升，成为她梦想已久的节目主持人。西尔维亚那种失败者的思路和辛迪这种成功者的观点正好背道而驰。她们的分歧点就在于，西尔维亚在 10 年当中，一直停留在幻想中，坐等机会，期望时来运转；而辛迪则是采取行动。首先，辛迪充实了自己；然后，在北达科他州受到了训练；接着，在洛杉矶积累了比较多的经验；最后，终于实现了理想——节目主持人。

成功来自勤奋

20 几岁的年轻人，要想成功就必须勤奋工作。古希腊的米南德说："勤奋可以赢得一切。"胜利和成功伴随着勤劳的人，古今中外

的无数事例都印证了这条真理。

唐代书法家怀素以草书著称于世，人称"草圣"。他的草书，气势雄浑豪放，有"骤雨狂风"之势。他在寺院附近种植了一万多株芭蕉，每日采摘蕉叶练字。蕉叶用完了，就用浅色漆盘和方木板练字。写满字迹后，擦掉再练。久而久之，他竟把漆盘和木板磨穿了。寺院的墙壁上，家具上，连僧人做袈裟的布上都写满了字。他每日勤奋刻苦练字，用秃了许多毛笔，堆集起来埋在山下，名曰"笔冢"。

老革命家董必武喜欢书法，在繁忙的工作之余，勤于练字。他晚年户外活动，总是拿着一根手杖。走累了，坐下来休息的时候，他就以手杖当笔，在地上练习写字。如果坐得高，他干脆把手杖像握笔一样提着，在空中写划。散步时，以手杖锻炼握笔、运笔的腕力。由于董老的刻苦勤学，他的书法秀美、挺拔，人称"董体"。

要想使理想的宫殿变成现实的宫殿，必须把自己定位在埋头苦干的基础上，不声不响地去劳动，一砖一瓦地去建造，实干家是不会轻易让机会擦肩而过的。

蒸汽机车的发明者史蒂芬逊有 8 个兄弟姐妹，小时候穷得全家都挤在一个房间里住。史蒂芬逊只好去给邻居放牛。但一有时间，他就用黏土、空心树枝做管子，制造蒸汽机模型。17 岁时，他真的装成了一部蒸汽机，还让他父亲帮他烧火做试验。史蒂芬逊没有机会读书，机器就是他的老师，而他是对机器非常用功的学生。当同龄人在假期四处游玩、闲逛酒吧的时候，他却在洗机器、做实验。当他作为一个伟大的发明家和蒸汽机的改进者闻名于世的时候，那些游手好闲的人又反过来去羡慕他了。

美国著名的废奴主义者布朗也同样如此。他小时候为了到书店买一本希腊文的书，连夜赶了 30 千米的路。书店老板盯着这个头发蓬乱、衣衫不整的牧童，很奇怪这个乡下孩子怎么会提出这样的要求。于是，老板就和众人一起开始嘲弄他。这时，进来一位大学教授。当他知道布朗的要求后说："这样吧，如果你能念出这本书的一行诗句，而且把它翻译出来，我就把这本书送给你。"人们惊讶地看到，这孩子从容自若地接连念完并且翻译出好几行诗句。于是，他自豪地拿到了自己应得的奖品。他是在放牧的时候学习希腊文和拉丁文的，这给他赖以成名的丰富学识打下了坚实的基础。

华罗庚只读过初中，根本没上过大学，在念完初中时就失学了。家中贫穷，没有办法供他上学。然而，在华罗庚的心中依然酷爱数学。不能上学，他就自己想办法学。一年到头，他几乎每一天都要花出十几个小时，来钻研数学。虽然到后来，他患上了伤寒病，但他并没有为此而停止对数学的研究。他躺在床上，写出了许多著名的数学定理。在不懈的勤奋努力下，他终于成为举世闻名的数学家。正如他自己所说，"勤能补拙是良训，一分辛苦一分才"。他的成功靠的就是勤奋和刻苦

一句话，成功来自勤奋。从现在开始，我们就应像他们一样勤奋工作。我们只有一生勤奋，才能成就自己的光辉的未来。

勇敢迈出第一步

没有谁一生下来就什么都会，只有经过探索和努力才能取得成功，而这个过程中的每一个阶段都需要勇敢地迈出探索的第一步。

黛比出生在一个有很多兄弟姐妹的大家庭。她从小就非常渴望得到父母的赞扬和鼓励。但由于孩子多，父母根本就顾不上她。这

种经历使得她长大后依然缺少自信心。

她后来嫁给一个非常成功的高级管理人员，但美满的婚姻并没能改变她缺乏自信的心态。当她与朋友出去参加社交活动时总是显得很笨拙，唯一使她感到自信的地方和时间是在厨房里烤制面包的时候。她非常渴望成功，但鼓起勇气从家务中走出去，做出决定去承担具有失败风险的羞辱，对她来说是想也不敢想的事情。

随着时间的推移，她终于认识到自己要么停止成功的梦想，要么就鼓起勇气去冒一次险。黛比这样讲述自己的经历：我决定进入烹饪行业。我对爸妈和丈夫说："我准备去开一家食品店，因为你们总是说我的烹饪手艺有多么了不起。"

"噢，黛比，"他们一起劝道，"这是一个多么荒唐的主意。你肯定要失败的，这事太难了，快别胡思乱想了。"

"你知道，他们一直这样劝阻我。说实话，我几乎相信他们说的是真的。但是，更重要的是我不愿意再倒退回去。"她下决心要开一家食品店。她丈夫始终反对，但最后还是给了她开食品店的资金。食品店开张的那一天，竟然没有一个顾客光临，黛比几乎被冷酷的现实击垮了。她冒了一次险，并且使自己身陷其中，看起来她是必败无疑了，她甚至相信她的丈夫是对的，冒这么大的险本身就是一个错误。但人就是这样，在你已经冒了第一个很大的风险以后，再去面对风险就容易得多了。黛比决定继续走下去。

一反平时胆怯羞涩的窘态，黛比端着一盘刚烘制的热烘烘的食品在她居住的街区，请每一个过往的人品尝。有件事使她越来越自信，所有尝过她的食品的人都认为味道非常好，人们开始接受她的食品。今天，"黛比·菲尔茨"的名字在美国数以百计的食品商店的货架上出现，她的公司"菲尔茨太太原味食品公司"是食品行业最成功的连锁企业之一。今天的黛比·菲尔茨已经成为一个浑身都散发出自信的人！

也许有些事情我们从未做过，但那并不能说明这些事情我们做不了。关键在于你是否想做成这件事，是否敢于跨出这一步。在同一起跑线上的两个人，谁先迈出第一步，谁就会掌握主动权。

生活即改变，行动即成功

人与人之间的差别，一开始仅在于思考问题的方式不同。在生活中，会有相当一部分人，他们的期望就是追求一生平平淡淡。在他们看来，差不多就行啦。他们随遇而安，不求有功，但求无过。假使这些观念日积月累下来变成他们的信念，这种对事物习惯性的看法，会最终决定他们面对事情时的态度选择，积极、进取、努力等十之八九不会是他们的人生态度。

接下来，他们对待工作的行为就是差不多就行，对得起这份工资就行。他们到点就下班，分外事他们不会主动去做，更不会多做。稍遇挫折，立即自我安慰：成功是少数人的事，退一步，海阔天空。他们的结果会是什么？平平淡淡！成长的结果通常取决于成长中当初的内心期望。生活中，也会有相当多的人，期望一定要成就一番事业。因为他们的期望强度足够，这些观念日积月累就会变成他们的信念，这些信念也最终会决定他们面对事情时积极进取、追求卓越。这些人对待工作的行为，不是"差不多就行"。如果工作没有做完，他们不会到点就下班，奉献精神与主动意识会促使他们常做一些别人不愿做的"边际工作"与"分外事"。他们遭受挫折，跌倒了，再爬起来，终究会成就一番事业。

改变遵循一定的轨迹。结果决定于行为，行为决定于态度，态度决定于信念，信念决定于自我期望。有什么样的内心期望，你就会选择什么样的信念，就会有什么样的处事态度以及什么样的行为，因而也就有了什么样的结果。

在你的心目当中，你认为自己是什么，你就是什么。如果你认为自己是一个普通平凡的人，你就是一个普通平凡的人。如果你认为自己注定是一个不平凡的人，你就真的能成就一番大事业。积极思维者得到积极的结果，消极思维者得到消极的结果，有什么样的思维方式就会有什么样的人生。

有许多人平庸一辈子，是因为他们一定要等到每一件事情都百分之百地有利、万无一失以后才愿意去做。当然，我们应当追求完美。但是，世界上没有一件事情可以做到完美无缺，最多只会接近完美罢了。等到所有的条件都具备后才去做，你就只能永远等下去了。

在北京说起"飞宇"网吧，很多人都知道。可网吧的老板是谁，恐怕就没有几个人知道了。王跃胜就是"飞宇"网吧的 CEO，他还是九届人大代表。1985 年的时候，他是共青团的突击手，当时还在团中央的胡锦涛同志给他发了奖杯。

可是，又有谁知道王跃胜是一个农民呢？虽然他是一个农民，但他却在号称中国"硅谷"的中关村核心地带北京大学南门外开网吧，一开就是 18 家。而在全国，他开了 300 家。王跃胜相信"网络改变命运"这句话，因为他自己已经彻底地被网络改变了命运。王跃胜希望网络能够改变更多人的命运。在他的网吧里，几十万人学会了上网。

王跃胜干过煤矿工人，可他以前没干过重体力活，下井才 7 天，就弄得浑身是伤。后来，他也曾清理过马圈，扫过煤路。看着又脏

又累又无聊的工作，王跃胜问自己：难道一辈子就做这个？

1982年，王跃胜从父亲那里要了80元钱，又东拼西凑了100多元，这总共不到200元钱就是他准备挖第一桶金的全部资金。他四处筹资，办起了加油公司，很快就积累了可观的收入。但是，他并没有停止前进的脚步。1997年5月，公司上了一套电脑管理系统，刚开始也没觉得怎么好使。可他慢慢就发现，每月结账的时候，它的作用特别大，以前需要2～3天才能结清的账，计算机十几分钟就解决了。有了电脑管理系统，也带来了新的问题，因为需要维护设备，使用软件，公司又没有人懂，一有问题就要往北京跑，太麻烦。于是，王跃胜又想：不如在北京开个公司，找几个高科技人才，办事也方便。

1997年7月，王跃胜第一次来到中关村。他在北京待了两个月，几乎走遍了中关村的每个角落，深切地体会到电脑软件门外汉的滋味，认识到再靠当年的苦干是不行了，根本无法立足。一次很偶然的机会，王跃胜进了一家网吧，发现里面全是大学生。这时，一个想法在他的脑海中产生了：既然大学生都喜欢去网吧，那就开一个网吧，既能交朋友，又能找人才。主意一定，他就开始选地方，北大、清华、理工大、北航等学校一比较，发现还是北大这边好，小南门离学生宿舍才几十米，出门就能上网，并且还处于中关村的核心地带，周围辐射清华、人大，所以就选北大南门。1998年2月14日，飞宇网吧开业了。

刚开业的时候，飞宇只有25台电脑，100多平方米营业面积。他到电信局申请64K专线的时候，电信局的人说，现在上网的人不多，太超前了，要小心。可他还是特别看好网络的发展，就毫不犹豫地申请了。

飞宇网吧每天的电脑上网时间达到23.6小时。大学未放假时，

几乎每天都可以看到排队等候上网的奇景。现在，如果你去北京海淀路北大南墙一段，发现哪儿挤满了自行车，不用抬头，这里的招牌一定是"飞宇"。

"飞宇网吧"早上 7～9 点免费上网。每天 8 点 59 分时，北大小南门总会出现这样一个场景：突然间，北大南墙的"飞宇网吧"的各个大门都打开，年轻人像流水一样涌出来。

"想到了好主意，我一定马上实行，就像我办加油站那样。"憨厚的王跃胜告诫年轻人，有了想法就赶快行动，不论你有多么敏锐、独特的眼光，不论你有多么超前、独到的创意，你都得落实到行动上才会有成果。眼光是好的，行动是慢的，最终还是一场空。

坚持到底就是胜利

有句俗话说得好，坚持到底就是胜利。坚持需要耐心，心急吃不了热豆腐。坚持是生存的一种本领，也是一种耐心和等待。坚持的过程其实就是磨炼的过程。在这个过程中，给临阵脱逃者的回报往往是失败，给知难而上者的回报则是成功。因此，做事情要想成功，就必须拥有坚持到底的精神。

拿破仑出生在科西嘉岛一个没落贵族家庭，家里虽然很穷，可是父亲还是把他送到当地的一个贵族学校。那学校风气不是很好，里面的孩子整天互相攀比，夸耀自己家庭的富有，而讥讽比他们穷苦的同学。像拿破仑这样的家庭，当然是那些孩子取笑的对象了。面对其他人的嘲讽，拿破仑刚开始还能忍受，可时间长了，他实在受不住了，便写信给父亲说道："我实在无法忍受这些家伙的嘲笑，

他们唯一高于我的便是金钱。至于说到高尚的思想和智慧，他们是远在我之下的。难道我应当在这些富有、高傲的人面前继续谦卑下去吗？""我们没有钱，但你必须在那里读书。"父亲回答道。拿破仑不得不继续忍受，他逐渐学会了控制自己的情绪，由起初的愤愤不平，变得冷静深刻，每一个嘲笑，每一次欺侮，每一个轻视的目光，都使他增加了发誓要做给他们看看的决心，他坚信自己确实是高于他们的。在同学们夸夸其谈的时候，他在心里暗暗地作着计划，决定通过自己的努力，挣得本应属于自己的财富、名誉和地位。5年之后，拿破仑来到了部队，他的战友们都在追求女人和赌博，而他却延续了自己学生时代的方针，用埋头读书的方法，去努力和他们竞争。他可以不花钱在图书馆里借书读，这使他得到了很大的收获。他并不是读那些没有意义的书，也不是专以读书来消遣自己的烦恼，而是为自己理想的将来做准备。他下定决心，要让全天下的人都知道自己的才华。他住在一个既小又闷的房间内，孤寂，沉闷，但他却不停地努力读书。他想象自己是一个总司令，将科西嘉岛的地图画出来，用数学的方法精确地计算出地图上哪些地方应当布置防范。经过这样的锻炼，他的数学能力获得了极大的提高。拿破仑就在不断学习中等待着机会，终于，这一天机会来了，他的长官派他在操练场上执行一些需要极为复杂的计算能力的工作。他充分发挥了自己的所学才干，把工作完成得极好。长官对他的才能极为欣赏，便分配给他更多更重要的工作。他不断获得新的机会，胸中之才华得以施展，从此走上权势的道路，一跃成为法国的执政官。这时，一切的情形都改变了。从前嘲笑他的人，现在都涌到他面前来，想分享一点他得到的奖励金；从前轻视他的，现在都希望成为他的朋友；从前揶揄他矮小、无用、死用功的人，现在也都变成了他忠心的拥戴者。

假使拿破仑对那些同学的嘲笑毫不在意，或者因此而自惭形秽，就未必能有后来的成就。天才之所以成为天才，首先是因为他确信自己是天才。成功人士之所以会成功，是因为能把一切刺激转化为前进的动力，并且不达目的誓不罢休。

一对从农村来城里打工的姐妹，几经周折才被一家礼品公司招聘为业务员。她们没有固定的客户，也没有任何关系，每天只能提着沉重的钟表、影集、茶杯、台灯以及各种工艺品的样品，沿着城市的大街小巷去寻找买主。可5个多月过去了，她们跑断了腿，磨破了嘴，仍然到处碰壁，连一个钥匙链也没有推销出去。

无数次的失望磨掉了妹妹最后的耐心，她向姐姐提出两个人一起辞职，重找出路。姐姐说，万事开头难，再坚持一阵，兴许下一次就有收获。妹妹却不顾姐姐的挽留，毅然告别了那家公司。

第二天，姐妹俩一同出门。妹妹按照招聘广告的指引到处找工作，姐姐依然提着样品四处寻找客户。那天晚上，两个人回到出租屋时却是两种心境：妹妹求职无功而返，姐姐却拿回来推销生涯的第一张订单。一家姐姐曾经4次登门过的公司要召开一个大型会议，向她订购250套精美的工艺品作为与会代表的纪念品，总价值20多万元。姐姐因此拿到两万元的提成，淘到了打工的第一桶金。从此，姐姐的业绩不断攀升，订单一个接一个。

6年过去了，姐姐不仅拥有了汽车，还拥有100多平方米的住房和自己的礼品公司。而妹妹的工作却走马灯似地换着，连穿衣吃饭都要靠姐姐资助。妹妹向姐姐请教成功真谛。姐姐说："其实，我成功的全部秘诀就在于我比你多了一次努力。"其实，不只这位姐姐，多少业绩辉煌的知名人士，最初的成功也就是源于"多了一次努力"。

第四章 自信法则：自信是成功的基石

把握信念，主宰人生

若能改变信念中自我设限的部分，那么在很短的时间内就能使你的整个人生彻底改观。请记住，信念一旦被接受，就等于对我们的神经系统下了一道紧箍咒。它可以激发潜能，也可以毁灭潜能；它既可能促进你的发展，也可能毁掉你的现在和未来。

如果你希望主宰自己的人生，那就必须好好掌握自己的信念。

每个人都对事物都有着自己的主见，每当主见把握不准确时，也能从别人那里问得答案。然而，自己若是一个优柔寡断的人，亦即没有坚定的信念或对自己实在是没有把握，那就很难充分发挥自己拥有的各种能力，步入理想的人生旅途。

要想了解信念并不难，不妨从信念的最初形式来谈起。

在日常生活中，每个人都有许许多多的念头，但对这些念头不一定都是深信不疑的。就以你自己为例作个解说，或许你认为自己挺吸引人的。你说："我很吸引人。"这可能只是一个突发的念头而已，若要成为一个信念，还得根据你相信这句话的程度而定。如果

你说："我并不怎么吸引人。"这话的意思就犹如："我对自己长得吸引人没有多大信心。"

怎样才能将念头转化为信念呢？在此可以打个比方，假设你把念头想象成是一个没有桌腿的桌面，而一张桌子没有了桌腿就不足以称之为桌子。同样地，信念若没有支撑就不足以被称之为信念，只能算是个念头而已。如果你自认为长得吸引人，请问你为何敢如此自信？难道你有什么样的"依据"支持你这么说吗？若是有，这就构成了你信念的支撑，使你有把握敢这么说。

那你到底是有什么样的依据呢？是有人告诉过你，你长得很吸引人还是你跟周围那些也具有吸引力的人比较过？还是走在街上不时有人向你投来羡慕的一瞥？不管有多少这类依据，除非你把他们归之于"你有吸引力"这个念头的名下，那才足以构成这个信念的支撑。

一旦你明白了我所说的这个比方，不妨审视一下自己的信念究竟是如何形成的，也想想如何改变自己不喜欢的信念。从上面所说的可以知道，只要有了足够的支撑，足够的依据或参考，就没有什么信念是不能建立的。在此，你是相信人性本恶——与人打交道时常担心会吃别人的亏，还是相信人性本善——只要你对人好，别人也会同样地对你好？从多年的经验中得知，相信你的心里已经有数。

在许许多多的信念中，到底哪个才是对的呢？你别管哪个是对，哪个是错，重要的是哪个更能帮助你取得事业的成功。也许周围的人可以提供给你答案，让你对自己的看法更有自信。不过，这是否能使你日常的工作做得更积极呢？不错，个人的经验是最有用的。然而，你这些经验又是从何而来的呢？是看书、听录音带、看电影、听别人说的，还是纯粹发自于自己的想象？这些得来的依据必须能激起我们的情绪反应，其程度的大小自然会影响到支撑我们信念的

强度。个人的痛苦或快乐经验会造成情绪上很大的反应，其越强就越能对信念提供坚固的支撑。另外，个人类似经验的多寡也深刻地影响着信念的强弱，支持一个信念的依据越多，所形成的信念也就越牢固。

这些构成你信念的依据得精确到什么样的程度，才能真正为你所用呢？

不管它是真实的还是虚假的，是坚定的还是摇摆的，因为经过个人的认知，就算是再自信的个人，有的经验在特定环境下也必然会被改变。

由于人类在很多情况下具有这种扭曲的本领，因而要想找到构成信念的依据可以说是没有穷尽的。我们不要管这些依据的出处，也不要管它是真还是假，只要把它当成是真的去接受，就能发挥其效果。

当然，如果我们的信念是消极的，哪怕是再有道理的依据也会造成极大的负面影响。既然我们有能力运用想象的依据来推动自己向前追逐自己的人生目标，只要想象得活灵活现，似乎它就是真的一样，就能使我们的人生事业成功得越快。

为什么会有这种现象呢？那是因为我们的脑子根本分辨不出何为真实、何为想象。只要我们相信的程度越强烈，并且反复地加以确认，我们的神经系统便会越把它当成真的，即使它是百分之百想象出来的。几乎每一位有杰出成就的人都有这种能力。他们能无中生有地创造出有利于自己的依据，因而有充分的把握，做到别人认为不可能做到的事来。

人们常常会对自己的本质或自己的能力产生"自我设限"。其中的原因可能是因为曾经失败过，因而对未来也不敢希望会有成功的一日。有的人经常把"务实一点"这句话挂在嘴边，事实上他仍是

害怕，唯恐再一次遭到挫败的打击。内心的恐惧一旦成为一个根深蒂固的信念，当遇到成功的机会时便会踌躇不前，即使做了也不会尽全力，其结果必然不会有多大的成就。

伟大的领导者很少是务实的，他们非常聪明，遇事也拿得准，就一般人的标准来看绝对不务实。究竟什么叫做务实呢？那可全然没有一个统一的标准，也许甲看来是件务实的事，可换成了乙就全然不是那回事。究竟是不是务实，那全得看是以什么样的标准而定。

印度国父圣雄甘地坚信采取温和的手段跟英帝国主义抗争，可以使印度获得民族自决的权利。这是前所未有的事，很多人认为这是痴人说梦。不过，事实却证明他的看法极为正确。

如果你打算在人生中做出一件失败的事，那么就低估自己的能力吧！不过这件事可并不容易做，毕竟人类的能力远大于所能想象的程度。事实上，根据许多调查，发现悲观的人与乐观的人在学习一样新的技能时有很大的差异。前者只想做到合乎要求即可，后者却往往想达到超过能力所及的地步，就是这种对自己不务实的要求让后者取得了成功。

为什么最终前者会失败而后者会成功呢？因为乐观的人心里根本就没有失败的想法，即使有，他们也刻意不去注意，从而就不会产生像"我失败了"或"我不会成功"这样的念头。相反的，他们不断地加强自己的信念、不断地发挥自己的想象力，期望后面的每一步都能走得更好，直至他们终于成功。

就是这种特质和不一般的观点，让他们得以坚持不懈地努力，以至达到所期望的成就。之所以会有那么多人热切地向往成功，乃是因为他们在过去并未有过足够的成功经验。可是，对于那些乐观的人来说，他们只有一个信念，那就是"过去并不等于未来"。所有的成功者，不论他们是在人生的哪个领域中有杰出成就，都知道全

身心追求理想所能激发出的力量是无比巨大的，哪怕他们在开始时丝毫不知道要怎么去做。即使在别人认为根本不可能时，如果你拥有积极的信念，其所衍生的信心也必然能使你克服人生道路上的各种困难。

自信是成功的基石

成功意味着许多美好积极的事物，它是生命的最终目标。每个人都向往一切美好的事物，都渴望最终的成功。成功最实用的经验是《圣经》中所提到的"坚定不移的信心能够移走大山"。信心的威力，没有什么神奇与神秘可言，它是这样发挥作用的："相信我确实能做到"的态度产生了能力、技巧与精力这些必备条件。每当你相信"我能做到"时，自然会想出"如何去做"的办法。

全国每天都有很多人开始新的工作，都"希望"登上高层，享受随之而来的成功果实。但大多数人并不具备真正的"信心"，因而无法达到成功的彼岸，也正因为他们相信自己自始至终都无法成功，所以只停留在一般人的水平上。

但一小部分人真的相信他们会成功，而且对自己抱有百分之百的信心。仔细研究高级经理人员的各种作为、学习他们的工作方法的年轻人得到了宝贵的经验，并最终获得了成功。

里根曾是一个演员，但他却立志要当总统。他整个青年时代都是在文艺圈内度过，他对于政治完全是陌生的，这几乎是他涉入政治的最大障碍。当共和党内保守派极力怂恿他竞选州长时，他毅然答应了，决心为自己开辟一个新的领域。当然，信心只是一种自我

激励的力量。离开了自身的条件，它便失去了依托，难以使希望变为现实。凡是有所作为的人，都会脚踏实地走出一条自己的路来。里根决心要改变自己的生活，并非突发奇想，而是与他的知识、能力、胆识密不可分。

有两件事坚定了里根进入政界的信心。一是他在受聘于通用电子公司制作节目时，为了办好节目而广泛接触各界人士，了解了政坛和社会经济情况。这些节目得到了广泛的好评，里根更加坚定了他的信心。另一件事是他加入共和党后，发表了《可供选择的时代》的演讲，他出色的演讲才能使其大获成功。这时，里根的一位好友乔治·墨菲凭借他非凡的魅力击败了老牌政治家塞林格而当上了加州议员，这更增加了里根涉足政坛的信心。

里根发现，当演员的经历为他提供了非常有用的优势，首先是形象的塑造——五官端正、轮廓分明的"好莱坞美男子"的风度和魅力，他将这些都充分地利用起来。

里根克服困难的方法是他超越了障碍本身——没有资本就是最大的资本。需要强调一点，经历固然是人生宝贵的财富，但有时也会成为成功的障碍。

成功者大多有过"碰壁"的经历，但坚定的信心使他们能够通过搜寻薄弱环节和隐藏的"门"，或通过从教训中学习而取得最终成功。

鸿运高照其实是他们信心坚定的结果。里根在任总统期间，显示了权力爱好者的品性，如出击格林纳达、空袭利比亚等。但他并非是滥用权力的人，他明白"共存共荣"的重要，提出了战略防御计划，利用苏联经济的不断衰败迫使其让步，使戈尔巴乔夫签订了历史上第一个核裁军条约。

里根的经历启发我们：信心的力量在战斗者的足迹中起着决定

作用，事业有成之人必须拥有无坚不摧的信心。

信心对于立志成功者有重要意义。有人说，成功的欲望是造就财富的源泉。这种自我暗示和潜意识激发后会形成一种信心，进而转化为积极的情绪，它会激发人们无穷的热情、精力和智慧，促使人们成就事业。所以，信心就好比是"一个人的建筑工程师"。

在每个成功者背后，都有一股巨大的力量——信心在支持并推动着他们勇往直前。

拥有了自信，便为将来的成功打下了良好的基础。

一个人要想成功，首先要具备的就是自信。假若你心中播种的都是自信的种子，相信你总会有那获得累累硕果的时候。

一个人如果相信自己能成功，往往就会成功。

亨利·福特被称为新工业之父，可他年轻时却在一家电灯公司当工人。有一天，他突发奇想，产生了要设计一种新型引擎的想法。他的妻子很支持他的这种想法，鼓励他勇敢去尝试，还把家里的旧棚子用做福特从事引擎研究工作的场所。福特每天下班回到家后，就会钻进旧棚子里做引擎的研究工作。冬天旧棚子里非常冷，可他却对自己默默地说："引擎的研究已有了头绪，再坚持干下去就能成功。"亨利·福特充分调动了战胜困难的自信心，在旧棚子里努力了3年，这个几乎是异想天开的稀奇东西终于问世了。1893年，亨利·福特和他的妻子坐着一辆不用马拉的车在大街上摇晃着前进，街上的人被这一情景吓了一跳，有些胆小者还躲在远处偷偷地观看。从这一天起，这个将对整个世界都会产生深远影响的新工业，就在亨利·福特的显意识与潜意识的驱动下诞生了。后来，他决定制造一种引擎上铸造8个完整气缸的汽车。工程师们听了都直摇头，说："这不可能。"福特命令道："谁不想干，就走人！"工程师们谁都不想失业，只好照着他的命令去做。但是，6个月过去了，研究毫无进

展。他只好决定另外挑选几个对研制新型汽车有信心的人。他坚信人一旦有了稳操胜券的心理，就有了希望。新挑选的几个工程师经过反复研究，终于找到了制造新型汽车的关键窍门。

人生的成败得失关键在于自信的有无，这一点也可以从美国旅馆大王威尔逊的经验中得到验证。威尔逊在创业之初，全部家当仅有一台分期付款的爆米花机，价值 50 美元。第二次世界大战结束后，他做生意赚了点钱，便决定从事地皮生意。当时，从事地皮生意的人很少。战后，人们一般比较穷，买地皮修房子、建商店、盖厂房的人很少，地皮的价格也很低。当亲朋好友听说威尔逊要做地皮生意时，都异口同声地反对。但威尔逊却坚持自己的主见，他认为，虽然连年战争使经济不景气，但美国是战胜国，它的经济会很快进入大发展时期。到那时，买地皮的人一定会增多，地皮的价格也会暴涨。他用自己全部的资金加上一部分贷款，在市郊买下一片很大的荒地。这片土地由于地势低洼，不适宜耕种，很少有人问津。但他认为美国的经济会很快复兴，城市人口也会日益增多，市区将会不断扩大，必然向郊区延伸。在不远的将来，这片土地一定会变成黄金地段。之后的事实果然如他所料。不出 3 年，城市人口剧增，市区迅速发展，大马路一直修到威尔逊买的土地边上。这时人们才发现，这片土地周围风景宜人，是夏日避暑的好地方。这片土地的价格倍增，许多商人竞相高价购买，但威尔逊不为眼前的利益所动，他还有更长远的打算。他自己在这片土地上盖了一座汽车旅馆，命名为"假日旅馆"，生意十分兴隆。从此以后，威尔逊的生意越做越大，他的假日旅馆逐步遍及世界各地。

他们的经验告诉我们：自信与人生的成败息息相关。但是，人类都有一个共同的弱点，那就是天生的自卑感。

自卑感是怎样产生的呢？著名的奥地利心理分析家 A·阿德勒

在《自卑与超越》一书中提出了创造性的观点。他说，人类的所有行为，要么是出于自卑感，要么是对自卑感的超越。他认为，每个人都有自卑感，只是程度不同而已。人们对改进现状的追求是永无止境的，因为人类的需要是永无止境的。但由于人类无法跨越时空，无法摆脱自然的束缚，所以就产生了自卑。从哲学角度讲，人产生自卑是无条件的。不过，对于具体的个人而言，产生自卑则可能是有条件的。

个体对自己的认识，往往借助于外部环境的反映和别人的评价，这早已被心理学所证实。阿德勒就有过这样的亲身体会：他的数学成绩很差，老师和同学们都说他笨，这使他认为自己确实是一个数学方面的低能儿。但有一天，他却做出了一道连老师都解答不出来的数学题，他这才发现自己的能力，从此改变了对自己的看法。所以，有些低能者甚至心理有缺陷的人，在别人的积极鼓励和帮助下，也能建立起自信，发挥出他的长处。

从主体角度看，自卑的形成虽受各方面的影响，主要还是受个人情绪、心境、性格、生理状况的影响，尤其是童年时代的影响。心理学家弗洛伊德认为，人的童年经历有时虽会淡忘，甚至在意识层消失，但在潜意识层会继续存在，这对他的一生都有很大影响。不幸的童年往往会产生很强的自卑感，而一个具有良好个人素质的人，是很容易克服自卑的同时，他还完全可以建立起自己的自信。一旦拥有了自信，也就拥有了成功的秘诀。

自信赢得好人生

信念使人充满前进的动力，它可以改变险恶的现状，得到令人难以相信的圆满结果。充满信心的人永远击不倒，无论何时，他们都是真正的强者。

信念的力量在成功者的足迹中起着决定性的作用，要想事业有成，无坚不摧的理想和信念是不可或缺的。

美国足球联合会前主席戴伟克·杜根也说过这样一段话："你认为自己被打倒了，那你就是真的被打倒了。你认为自己屹立不倒，那么你就会屹立不倒。你想胜利，又认为自己不能，那你就不会胜利。你认为你会失败，你就失败了。"一切胜利皆始于个人求胜的意志与信心。你认为自己比对手优越，你就会比他们优越。因此，你必须事事往好处想，你必须对自己充满信心。只有这样，你才能获得胜利。生活中，强者不一定是胜利者，但胜利永远属于自信的强者。

信心是"不可能"这一毒素的解药，海伦·凯勒就是最好的证明。

海伦在她刚满一岁半的时候，因为一场疾病而变成了一个既盲又聋的小哑巴。这一近乎致命的打击，令小海伦性情大变。稍不顺心，她便会乱敲乱打，野蛮地用双手抓食物塞入口里；若父母上前制止，她就会在地上打滚，乱嚷乱叫，简直是个十恶不赦的"小暴君"。父母在绝望之余，只好将她送至波士顿的一所盲人学校，还特别聘请一位老师照顾她。终于，小海伦在黑暗中遇到了一位伟大的

光明天使——安妮·沙莉文女士。沙莉文也有着不幸的经历：她 10 岁时，和弟弟两人一起被送进麻省孤儿院。她在孤儿院的恶劣环境中长大。由于房间紧缺，幼小的姐弟俩只好住进放置尸体的太平间。在卫生条件极差又相当贫困的环境中，幼小的弟弟 6 个月后就夭折了。她也在 14 岁得了眼疾，几乎失明。

后来，她被送到帕金斯盲人学校学习盲文和哑语，并做了海伦的家庭教师。从此，沙莉文女士与这个蒙受三重痛苦的姑娘之间的斗争就开始了。固执已见的海伦以哭喊、怪叫等方式全力反抗着沙莉文对她的严格教育，甚至连洗脸、梳头、用刀叉吃饭都必须一边和她格斗一边教她。最终，沙莉文女士通过信心与爱心，和海伦开始成功地沟通，小海伦逐渐地与她达成默契。

海伦·凯勒在《我的一生》一书中，有感人肺腑的深刻描写：一位年轻的复明者，没有多少"教学经验"，将无比的爱心与惊人的信心，灌注到一位全聋全哑的小女孩身上——先通过潜意识的沟通，靠着身体的接触，在她心中点亮了一盏希望的明灯。接着，自信与自爱在小海伦的心里产生，使她从痛苦的孤独地狱中脱身出来，通过自我奋发，将潜意识里的无限能量发挥出来，开始一种全新的生活，并最终走向光明。

海伦曾写道："在我初次领悟到语言存在的那天晚上，我躺在床上，兴奋不已，那是我第一次希望天亮——我想再没其他人，可以感觉到我当时的喜悦吧。"一个既聋又哑且盲的少女初次领悟到语言时的喜悦，那种令人感动的情景，实在难以笔述。

海伦凭着触觉，用指尖代替眼和耳，终于学会了与外界沟通。海伦 10 岁时，她的名字就已传遍全美，成为残疾人士的模范——一位真正的强者。

1893 年 5 月 8 日，贝尔博士成立了著名的国际聋人教育基金会，

而为会址奠基的正是 13 岁的小海伦。这是海伦最开心的一天，也是贝尔博士值得纪念的一天。

海伦如饥似渴地接受教育，并获得了超过常人的知识，顺利地进入了哈佛大学拉德克利夫学院学习。她说出的第一句话是："我已经不是哑巴了！"她作为世界上第一个接受大学教育的聋哑人，为残疾人树立了榜样。

海伦不仅学会了说话，而且还学会了用打字机著书写作。她的触觉很敏锐，甚至可以把手放在对方嘴唇上来感知对方在说什么。她把手放在乐器的木质部分，就能"鉴赏"音乐。

海伦的事迹在全世界引起了震惊和赞叹，被《大英百科全书》称为残疾人中最有成就的代表人物。她大学毕业那年，人们在圣路易博览会上设立了"海伦·凯勒日"。她始终对生命充满信心、充满热忱。凭着坚强的信念，她终于战胜了自己，体现了自身的价值。第二次世界大战后，海伦·凯勒在欧洲、亚洲、非洲各地巡回演讲，以唤起社会对身体残疾者的重视。

只有懂得"信任"自己"心灵"的人，才能理解生命的价值。海伦·凯勒用自己的行动证实了这一点，创造了物质财富，也创造了精神财富。

希尔在评价海伦时说："自信心是心灵的第一号催化剂，当信心融合在思想里，潜意识就会运用这种力量，把它变为精神力量，再转为行动。"

马克·吐温评价她说："19 世纪中，最值得人们纪念的人是拿破仑和海伦·凯勒。"自信是点燃生命的明灯，一个人没有自信，只能脆弱地活着；充满信心的人永远击不倒，他们才是命运的主人。

有位成功学家鼓励人们这样建立自信：在做事之前，大喊 50 遍"我成功，因为我自信"。这确实不失为一个好办法。因为只要相信

自己，即使追求的目标难如移山倒海，但终有成功的一天。信心是一种最坚强的内在力量，它能够帮助你度过最艰难困苦的时期，直到曙光最终出现。信心从未令人失望，它会使人发现自身的价值和潜能，取得成功。

"金无足赤，人无完人。"天下没有十全十美的人，每个人都有某方面的不足，无论是有生理缺陷还是心理缺陷，能否正视自己的缺陷和不足，而且不被它削弱自信，却是强者和弱者的区别。罗斯福是个残疾人，又是一个强者。1962 年，美国历史学会组织美国历史学家投票，选出了五位最伟大的总统，富兰克林·德拉诺·罗斯福排名第三，仅居于亚伯拉罕·林肯和乔治·华盛顿之后，成为美国历史上唯一一位连任四届、主持白宫时间最长的总统。他是对世界历史影响最大的一位美国人，被公认为世界历史上能够扭转乾坤的巨人之一。

战国时期的钟离春，是我国历史上有名的丑女，也是齐国的王后。她虽然模样难看，却学识渊博、有才有德。当时，执政的齐宣王政治腐败、国事昏暗、性情暴躁、喜欢吹捧。钟离春为了拯救国家，冒着杀头的危险当面一条条地陈述齐宣王的劣迹，并指出若再不悬崖勒马就会城破国亡。齐宣王听后大为震惊，把钟离春看成是自己的一面宝镜。自古有言：娶妻娶贤。他认为，有贤妻辅佐，自己的事业才会蒸蒸日上，正所谓"妻贤夫才贵"。就这样，这个身边美女如云的国王，把钟离春封为王后。钟离春的美不在外表，她的美源于知识、源于自信。只要矢志不渝地相信自己，任何一个人都能赢得人生的辉煌。

第五章　机遇法则：机遇是成功的关键

机遇无处不在

如果你肯动脑子，任何一件看似平常的事都有其可开发之处，而且很多的智慧和发现都来自一些平常的小事，只是有时你没有发现罢了。

每个年轻人都有机会取得成功，但大多数人都没有发现机会，没有抓住机会，因为机会是一些非常细小的苗头，不容易被发现。而那些成功者就是因为抓住那些小小的苗头，才发展出宏大的事业。

忽略小事的人是不会成功的。一次，美国著名的家具经销商尼·科尔斯家中突然失火，几乎烧光了他家里的一切，只有些粗壮的松木，外面烧焦，而木芯得以残存。要是一般人，可能在极度的痛苦中将这些废料扔掉完事。但是，尼·科尔斯却从这些焦木中发现了商机：因为那焦木的旧纹理和特殊的质感使他产生了灵感，他决定要制造以突出表现木纹为特点的仿古家具。

他用碎玻璃片刮去废木上的沉灰，再用细砂纸打磨得光滑润泽，再涂上一层清漆，便显出了古朴、典雅、庄重的光泽和清晰的木纹。

就这样，他制造的仿古典木质家具独领潮流，生意特别兴隆。

有人赞叹尼·科尔斯因祸得福，其实不然，他只是从一件细小的事物中观察和发现了奇迹。如果换一位不善于思考的人去看那堆燃而未尽的废木头，眼睛看直了也不会发现什么的。我们不光要去看，还要能有所发现，还要很好地运用智慧去深入思考，有所酝酿、有所感触的同时要做到更深一层地设计发掘，才会获得超常规的新发现。

其实，世界上很多事情就是这样。如果肯动脑子，任何一件看似平常的事都有其可开发之处，而且很多的智慧和发现都来自一些平常的小事。只要勤于思考，仔细观察，就不会让很容易得到的机遇溜走。

美国玩具开发商布·希耐一次到郊外去散步，偶然看到几个孩子在玩一种又丑又脏的昆虫，且玩得津津有味，爱不释手。他立即联想到儿童玩具市场上所销售和设计的，全都是造型优美、色彩鲜艳的玩具。那么，为什么不给孩子们设计一些丑陋的玩具来满足孩子们的好奇心呢？想到这里，他立即安排研制生产，推向市场后，果然反响强烈，供不应求。从此，丑陋玩具在市场上的销售经久不衰。

这些人为何会如此聪明，只是灵机一动就能生意兴隆？因为在对刺激产生反应的过程当中，他们的潜意识十分积极和敏锐。这就证明了人在自信和主动的状态下才会变得聪明能干。也是在这种时候，他们才最具能动性和创造力，也最能发掘自己的潜能。

把握机遇的智慧

研究表明，对一个人的成功起着决定性影响的机遇是不多的。对机遇的到来，必须要有敏锐的嗅觉和判断能力。当别人对机遇的到来还麻木不仁时，你能捷足先登，抢占先机，就抓住了机遇。那些对机遇的到来懵然无知或后知后觉的人，必然无法挽到它的臂膀。

常说"机遇可遇而不可求"，其实，机遇的产生也有其内在规律。如果你有足够的勇气、睿智的脑袋，以及敏锐的观察力、判断力，机遇也可以被"创造"出来。善于等待机遇、抓住机遇是一种智慧，善于创造机遇更是一种大智慧。

在成功路上奔跑的人，如果在机遇来临之前就能识别它，在它消逝之前就果断采取行动占有它，幸运之神就会来到你的面前。

机遇虽然是一种客观的事物，但它却是由参与认识世界、改造世界的实践的人创造出来的，它是人的主观能动性与外界环境变化的客观必然性相"合拍"的产物。

一个人的主观条件影响着客观环境，主观条件得到优化，客观环境将得到改变，将有利于适应个人发展的良好机遇的发生。成功者的经历证明，客观机遇降临时，自身胆识等方面素质较强的人显然要比一般人更容易捕捉到机遇。才华出众则是捕获机遇的最大资本。

在研究中发现，对许多成功者发生决定性影响的机遇次数是极少的，少的只有一两次，多的也仅四五次。因此，对于渴求成功的人来说，机遇的质量重于数量。要选择对自身成长最有效用的机遇，

放弃那些对成才帮助不大的机遇，尽可能使机遇在你的成才之路上发挥出最大的作用。

机遇是不会与你预约的，你只有不断地亮出自己，找到赏识你的人，吸引他人的关注和重视，你才有可能找到机遇。过于含蓄、不敢亮出自己才能的人，往往得不到别人的重视。

创造机遇、争取机遇需要花费极大的心血，但更为重要的是如何把握好机遇，使其发挥出最大的效力。若是花费许多精力，好不容易争得了机遇，但却没好好珍惜它，未能很好地运用和操作机遇，最后也将功亏一篑而抱恨终生。

因此，当机遇向你靠拢时，尽管还带着某些不确定因素，最明智的做法就是，手疾眼快，当机立断，将它抓住，以免转瞬即逝，或是日久生变。由此看来，抓住机遇，眼力和勇气都是不可缺少的。

机遇是一位神奇的、充满灵性的性格怪僻的天使。它对每一个人都是公平的，但绝不会无缘无故地降临。只有经过反复尝试，多方出击，才能寻觅到它。

在成功的道路上，有的人不喜欢尝试，不愿走崎岖的小道，遇到艰辛或绕道而行，或望而却步，他们常与机遇无缘。而另一些人，总是很有耐性，尝试着解决难题。不怕吃千般苦、越万道岭。结果，恰恰是他们能抓住不可复得的机遇。

如何抓住机遇，并没有固定的模式和准则可循，但过人的洞察力和判断力无疑是非常重要的。平时要留心周围的小事，有敏锐的洞察力，这样才能保证你在机遇来临时不致错过。牛顿不放过苹果落地、伽利略不忽视吊灯摆动、瓦特研究烧开水后的壶盖跳动……这些都是司空见惯的现象，但他们那过人的洞察力使得他们看到了常人看不到的东西，从而有所发明或发现。在日常生活中，常常会发生各种各样的事。有些事使人感到惊奇，引起多数人的注意；有

些事则平淡无奇，许多人漠然视之，但这并不排除它可能包含重要的意义。

一个有敏锐洞察力的人，能够从日常生活中发现不奇之奇。19世纪的英国物理学家瑞利从日常生活中观察到：端茶时，茶杯会在碟子里滑动和倾斜，有时茶杯里的水也会洒出一些；但当茶水稍洒出一点弄湿了茶碟时，茶杯反而不易在碟上滑动。他对此做了进一步研究，做了许多相类似的实验，结果发明一种求算摩擦的方法——倾斜法，他也因此获得了意外的惊喜。

富尔顿10岁时，和几个小朋友一起去划船钓鱼。富尔顿坐在船舷上，两只脚下意识地在水里来回踢着。不知什么原因，船缆松了扣，小船漂走了。富尔顿没有忽视这种生活中的小事，他发现自己的两只脚起到了船桨的作用。富尔顿长大以后，经过刻苦的学习和研究，终于制造出世界上第一艘真正的轮船。

有一个自称"只要能赚钱的生意都做"的年轻人，在一次偶然的机会，听人说市民缺乏便宜的塑料袋装垃圾。他立即就进行市场调查，通过认真预测，认为有利可图，便马上着手行动，很快把价廉物美的塑料袋推向市场。结果，靠那条别人看来一文不值的"垃圾袋"的信息，两星期内，这位小伙子就赚了一大笔钱。

由此可见，敏锐的洞察力是把握机遇的好帮手。除了洞察力之外，要想把握机遇，还必须具有过人的判断力。

有些人不是没有成功立业的机遇，只因他们的判断力太差，最终错失机遇。他们做人似乎永远不能自主，非有人在一旁扶持不可。即使遇到任何一点小事，他们也得东奔西走地去和亲友邻人商量。同时，脑子里更是胡思乱想，弄得自己一刻不得安宁。于是，愈商量、愈打不定主意、愈东猜西想、愈是糊涂，就愈弄得毫无结果，不知所终。

没有判断力的人，往往迈不出第一步。即使迈出第一步，也无法进行。他们的一生大半都消耗在没有主见的怀疑之中，即使给这种人成功的机遇，他们也永远不会达到成功的目的。

机遇是通向成功的捷径

抓住机遇就意味着成功的起航，就意味着奇迹的开始。

有位记者曾同老演员查尔斯·科伯恩进行过一次交谈。记者最后提了一个很普通的问题："一个人如果要想在生活中成大事，需要的是什么？是大脑，是精力，还是教育？"

查尔斯·科伯恩摇摇头："这些东西都可以帮助你成大事，但我觉得有一样东西更为重要，那就是看准机遇。"

这位老演员是正确的。如果你能学会在机遇来临时识别它，在机遇溜走之前就采取行动抓住它，你就可以成就一番大的事业，获得一次大的成功。

所谓机遇，主要指良好的、有利的机会。人们常说的"千载难逢""天赐良机"，指的就是这种机会。就像在野外拾到了金刚石，采药时发现了大人参，知识分子赶上尊重知识、尊重人才的政策等，这都是机遇。许多成功人士就是凭借敏锐的判断力，抓住了一个个稍纵即逝的机会，创造了一个又一个奇迹。

芝加哥商人艾伦是一个能够在不同的处境中觅得机会从而力挽狂澜的人，他总结自己的经验说："我的成功是因为善于发现机遇，并且在机遇面前毫不手软。"

1843 年，艾伦出生在新泽西州查塔姆县。在他出生后不久，全

家迁往密歇根州。在密歇根，他一边在公立学校念书，一边当学徒。12 岁时，他又转入制桶业。5 年之后，他在一家杂货店找到一份工作，至此便开始了他一生为之奋斗不息的零售业生涯。

艾伦的经商才华很早就显露出来，他在那家商店干得非常称职，以至于不久便主管起店里的全部事务。内战结束时，艾伦转到芝加哥的马歇尔·菲尔德百货商店。同样，他干得还是那么出色，令人不得不佩服他的才华。

应该说，艾伦的这些复杂经历为他以后的零售生涯积攒了宝贵的经验，对他未来的成功大有裨益。此外，他还有意遍游西部乡村，与当地居民交谈，从而认识到了一个重要事实：居住在大城市以外的人们需要购买东西，但他们对品种少、价格高感到不满。这种情况在乡村地区，特别是农场地区的商店中普遍存在。

敏感的艾伦意识到这是一个难得的商机，抓住了这个机会就足以改变自己甚至是一个产业的命运。为此，艾伦决定建立第一家大型函购公司，以解决农村居民的商品购买问题。但就在艾伦准备创办函购公司时，一场天降的灾难使他的计划差点儿成为泡影，他平时省吃俭用的积蓄在芝加哥的一场大火中化为灰烬。

艾伦并未因此气馁，他四处奔走，积极地联络合作人。有道是，"功夫不负有心人"。最终，他的内弟乔治·索思答应做他的合伙人。1872 年，两人各出资 1 600 美元建起了首家函购公司。由于经济的拮据，他们只能将业务总部设在芝加哥一个马车行的草料棚里，从那里发行了世界上第一批"目录表"。那是一页开列着以非常低廉的价格出售的各类商品名称的一览表。

艾伦明白，想招徕顾客，除了价格低廉以外，更重要的还是要保证产品的质量和公司的服务水平。这是一个关键，因为没有这项保证，顾客对购买未露面的卖主的东西总是有疑虑的。

在这种全新经营理念的支配下，公司开张第一年便生意兴隆，很快便在全美具有了一定的知名度。1873 年，公司与一个巨大的农场主组织"全美格兰其"签订了合同，成了格兰其组织的供应商。这成了公司在发展道路上的一个重要的转折点。

因为格兰其组织在美国的影响非常大，1873～1889 年，艾伦广泛地向人们宣传这一事实：他的公司是"最早的格兰其组织的供应商行"。能与其签约本身就是一种巨大的荣誉，更不用说它给艾伦的公司带来了大量的订单，公司的业务在格兰其组织的激励下蒸蒸日上。

到了 1884 年，公司原先只有 1 页的目录表骤增到 240 页，包括 1 万余种商品项目。4 年后，销售额第一次突破了 100 万美元。1895 年，政府在邮政部长约翰·沃纳梅克的倡议下，建立了乡村免税邮递制度，艾伦公司因而得到了进一步的发展。

艾伦不失时机地抓住这一千载难逢的机遇，大力发展函购业务。这次机遇使得公司的经济实力发生了翻天覆地的变化，年销售额一度突破 4 000 万美元，公司雇员达到 6 000 人，一跃成为全美国的知名公司，艾伦也因此成为全世界家喻户晓的名人。

机遇是成功的一条捷径，有时候，一个机会就足以让人摇身一变，成为一个杰出的成功者。但是，套用一句谚语——"幸福不是小鸟，不会自己飞来"，机遇也不是小鸟，也不会自己飞来，绝大多数时候要靠自己去寻找、去发现、去捕捉、去把握。有人说，抓机遇要像老鹰一样，时刻张大眼睛寻找目标，时刻准备伸出爪子去捕获猎物。

闻名世界的"麦当劳"快餐的创始人雷·克罗克，就是一个特别善于寻找机遇的人。他从一份来自一家汉堡包快餐店的订单中，寻找到了发财的机会，从而改变了他的命运，同时也掀起了一场全

球范围内的餐桌上的革命。

在这份有些意外的订单上写着要求订购 14 台制奶机，无比惊喜的雷·克罗克觉得对于这样大的一批订货，他应该和客户见上一面。见面的结果不仅使美国兴起了一个新兴的快餐业，也改变了雷·克罗克后半生的命运——他没有想到自己未来的生活从此和"麦当劳"的快餐业紧密地联系在一起。

雷·克罗克见到的客户不是别人，正是加利福尼亚州圣贝纳迪诺市的麦当劳兄弟，他们经营着"麦当劳"快餐馆。那时的"麦当劳"快餐馆规模不像今天这样庞大，经营的品种也很单一，主要是炸薯条和汉堡包。

雷·克罗克抱着好奇的心理品尝了这种食品，立即就被深深地迷住了。吸引他的不仅是食品的美味可口，更主要的是麦当劳兄弟独特的经营方式。兄弟俩的经营方式可以说是优点和缺点一样突出。一方面，他们创造了流水线生产汉堡包和搭售炸薯条的营销方式。在制作和销售过程中，不仅采用标准化牛肉小馅饼、标准化配菜系列，还采用红外线灯照射以保持炸薯条的清脆可口。

这种分量足、口感好，又方便快捷的食品很受当地居民的喜欢。此外，雷·克罗克还注意到，麦当劳兄弟俩在餐馆前树起一个巨大的拱形"M"招牌，以招徕顾客，而在加利福尼亚州的另外九家餐馆也使用"麦当劳"店名，并且有了联合经营的发展趋向。

但是，雷·克罗克经过周密考察，发现麦当劳兄弟俩的经营思路并不是完美的。他们也有致命的弱点，那就是思想比较保守落后，而且过于满足现状。另外，也不愿过于奔波劳累去进一步拓展业务和发展分店。所有这些，都给雷·克罗克留下了难以磨灭的印象。多年的推销员生活和对饮食业发展趋势了解的经验告诉雷·克罗克，麦当劳兄弟的创造发明非常重要，但也有很多需要改进的地方。因此，他并不急于立即签订出卖制奶机的合同，而是留在加州连续考察了一周。

1960 年，雷·克罗克在人生的十字路口作出了一次重大抉择。他出资 340 万美元，买下了麦当劳兄弟的全部资产和经营权，在美国经商史上，又开始了一个新的奇迹。他后来解释说："当我遇到麦当劳兄弟时，已有多年准备了。以我多年在食品、饮食业中推销的经验，我有足够的能力去判断机会是否真正来临。"

雷·克罗克经过慎重的考虑，当机立断，立即和麦当劳兄弟签订了一份联营协议。在这份协议中，清楚地写着："雷·克罗克有独家代理出售'麦当劳'店名的权利，并向冠以该店名的分店提供原料供应和标准化技术指导。"从这份协议中，雷·克罗克能够得到的好处就是按照餐馆销售金额的一定比例提取报酬。此时，雷·克罗克已经 52 岁了。对他来说，这一抉择不能不说是一种严峻的考验。但雷·克罗克凭借他经验丰富的优势，在短短几年时间里，严格按照协议规定的内容开展业务。在随后的 6 年时间里，美国各地的"麦当劳"快餐店发展迅速，从当初的 8 家猛然增加到 2 390 家，发展成了一个具有一定规模的行业。

按照常人的想法，人过中年，进取心就会锐减。然而，雷·克罗克却使人们改变了老眼光。在 52 岁才开始新事业的他，经过 6 年的不懈努力，才真正拥有"麦当劳"的全部资产，可谓是大器晚成。

雷·克罗克在参与和接收"麦当劳"餐馆的过程中受益匪浅，他没有抛开麦当劳兄弟盲目单干，而是以他们为主，帮助其拓展业务和扩建分店，扩大影响。他还保留了已有较大名气的"麦当劳"店名和拱形"M"标志，使麦当劳兄弟开创的事业继续发扬光大。毫无疑问，从不满足、虚心求教、耐心观察，这些就是雷·克罗克的故事所阐明的宝贵经验。

一个机遇可以改变一个人的一生，就像一份意外的订单重新设定了雷·克罗克的人生轨迹一样。在迈向成功的道路上，机遇永远与无止境的奋斗结伴而行，由雷·克罗克创建的每一家"麦当劳"分店都在诉说着这一颠扑不破的哲理。

慧眼识机遇

我们往往缺少的并不是机遇，而是发现机遇的眼光。

一个孤独的年轻人牵着马，肩上挎着来复枪，带着随身的背包与毛毯，跨过俄亥俄州的边界，顺着宾夕法尼亚州崎岖的山路往南走。这个青年就是后来成为世界石油大王的洛克菲勒，他这次只身一人前往宾州的石油产地考察石油的生产情况和销售行情。这时，宾州的石油刚开采出一年多，当时石油的用途还不像现在这样广泛，只把它当做照明用油和工业润滑油。但敏感的洛克菲勒凭直觉意识到，石油这个新玩意儿将有不可估量的开发前途，他决定投入到这个新兴的产业中去。洛克菲勒成为全球石油大王后，许多人都认为是他的运气好，机遇佳——卖食品，食品赚钱；搞石油，石油发财。但如果你了解了洛克菲勒的创业经历之后，相信你就会领悟到，洛克菲勒靠的不是运气，不是机遇，而是自己独特的眼光。石油不是洛克菲勒发现的，也不是他开采的。在许多人忙于开采和生产石油的时候，他却在卖当时更需要的食品；南北战争后石油价格暴跌，在许多人对石油失去信心而离开石油行业的时候，他却全力投入，终成大业。很显然，他没有特别的机遇，更没有特别的运气。但他有发现机遇的眼光，有把握机遇的能力。

83

其实，机遇在大多数时候是同时降临在许多人身上的，问题是有的人能够发现，有的人却视而不见，以致与机遇擦肩而过。

某省一家橡胶厂接洽了一宗外贸生意：巴基斯坦某公司想加工一种异型轮胎，但数量只有 5 套，出价比普通轮胎高一倍。巴基斯坦厂商还表达了这样一种意思：如果这 5 套轮胎质量合格，他们可能要大量定做。

但是，这家橡胶厂一算账，发现做这样的轮胎难度很大，必须为这 5 套轮胎特制模具，投资至少得 10 万元。这样一来，这笔生意就要赔 5 万元。所以，他们没有与巴基斯坦签订协议。另一家中国企业得知这个消息后，立刻与巴基斯坦客户签订了供货协议。客户不太放心，一再叮嘱说："一定要按期交货。"该厂经理回答："没问题。"想起第一家中国厂家的情况，巴基斯坦客户不禁问道："你们不怕亏损？"该经理说："不怕。"协议签订后，这家橡胶厂如期向巴基斯坦客户交出了 5 套质量合格的轮胎。接下来发生的事情顺理成章——巴基斯坦客户立刻与这家工厂签订了 8 万套轮胎的订货协议，不久又签订了 10 万套轮胎的订货协议。你说，第一个厂家的机遇不好吗？当然很好。但他们却白白失去了一个极好的机遇，这能怪谁呢？当然只能怪自己没有发现机遇的眼光罢了。

许多人总是长吁短叹，认为自己缺乏成就大事业的机遇。其实，我们不妨对比一下那些成功者，就可以发现，我们缺少的并不是机遇，而是发现机遇的那种眼光。"让一部分人先富起来"的政策机遇是针对全中国所有人的，为什么有的人靠此发了财，有的人却仍然一贫如洗呢？个体经营是人人可为的，为什么有的人摆个地摊便赚了大钱，你却只满足于按月领工资呢？

1987 年 5 月，经中国人民银行批准，在"信用社"的基础上改造成股份银行的深圳发展银行，以自由认股的方式，首次向社会发

售人民币普通股79.5万股。人们对此是什么反应呢？按香港《信报》的说法，是"极为麻木""观望者居多，投入者寥寥"。许多人抱着怀疑、观望的态度，发行部门甚至把股票送上门也没有人认购。在这次有史以来最大的一次致富机遇面前，绝大多数人反应迟钝，白白失去了难以再现的机会。只有极少数有胆识、有远见的人，能在这次机遇里迅速完成了资本裂变而成为现代富豪。据说，1987年购买发展银行股票最多的是一位貌不惊人的老者，他漫不经心地一举认购了8万元证券公司推销不出去的股票。到1990年5月，有人给这位老者算了一下，只要这位老者未抛出股票，加上数次分息和优先认股，便可不费举手之劳身价倍增，起码市值人民币300万元以上……然而，过了没有多久，有人再次给这位老者算账时发现，他手中股票的实际市价已超过600万元。

英国著名小说家艾略特曾说过："生命巨流中的黄金时刻稍纵即逝，除了砂石之外，我们别无所见。天使前来探访，我们却当面不识，失之交臂。"美国人也有一句俗语："走上失败之路的，往往是错失了机会的人。"机遇降临时，它的身上并没有贴着机遇的标签。相反，它还常常乔装打扮，扮成不幸、挫折和困难的模样。目光短浅的人看不到，反应迟钝的人抓不住。只有少数眼光独特的人才有可能发现机遇，把握机遇。因此，你要想获得成就事业的机遇，首先就得练出一双善于发现机遇和辨别机遇的眼睛。

机遇偏爱有准备的人

只有专注于本身工作的人，内心充满理想的人，才会遇到真正的机遇。

机遇的降临，也许令很多人不可思议，以致很多人认为它是命运的安排。但是，只要我们就每个人的一生作一番思考，就会发现，任何机遇的到来，都有其前因后果，"种瓜得瓜，种豆得豆"。机遇是从勤奋工作中得来的，它钟情于有才能、勤奋和生活中的有心人。

机遇的产生和利用，都需要有其主观、客观条件。相对来说，主观条件更为重要。

爱因斯坦曾说过："机遇只偏爱有准备的头脑。"这便是主观条件。头脑灵活，才不会坐失良机。即使是碰上好运气，如果你思想没有准备，头脑不敏锐，或者粗心大意，结果都会使机遇丧失，错过利用机遇而获得成功的机会。在弗莱明以前，就有其他科学家见过青霉素菌能抑制葡萄球菌的现象。在伦琴以前，已经有物理学家注意到 x 射线的存在。琴纳家乡的不少人都知道感染过牛痘的人，能免生天花，特别是那些挤奶工。但是，由于他们不以为然，而坐失良机。

许多人都认为，能否得到机会，主要是看运气的好坏。固然，运气的基本要素是偶然性，但它对于任何人都是一视同仁的。也就是说，所有的人"交好运"的可能性一样多，在机会面前人人平等。关键在于有的人把握了，有的人却没有把握。如果说好运和机会有什么偏爱的话，那就是爱因斯坦所说的，它只"偏爱有准备的头脑"。如果你为获得机会作了准备，一旦条件成熟，好运也就自然而

来，犹如水到渠成、瓜熟蒂落。

每个人，尤其是年轻人，往往相信人生的成败全靠机遇。即使是那些不十分相信机遇的人，也总是把"机遇不济"的话挂在嘴上，而同时又把有成就的人解释为"机遇好"。其实，只有专注于本身工作的人，内心充满理想的人，才会遇到真正的机遇。如果终日怨天尤人，以混工作的方式等待什么，机遇只能离他们越来越远。

不论是以前的富豪洛克菲勒、巴菲特、哈默，还是今天的数字英雄比尔·盖茨、戴尔、杨致远等，虽然他们所处的时代不同，其成功也确实有偶然因素，但更多的是他们在一样的勤劳之外，还都有"时刻准备着"的头脑，善于审时度势、把握机遇的敏锐眼光和永不满足的创新精神。正是这种敏锐的眼光和永不满足的创新精神，小则是致富成功之道，大则是人类进步之魂！

机遇往往只青睐勤奋和爱动脑的人，很少有不付出心血和汗水就轻而易举获得成功的。山田多喜二的创业历程，就比较清楚地证明了这一点。

为了贴补家用，年仅12岁的山田多喜二就放弃了学业，开始做点买卖挣钱了。他一直为此感到自卑，羞于见人。但是，父亲的一番话却给了他很大的启发。父亲曾语重心长地对他说："要想在生意场上成功，不一定非得接受很好的教育，雇用优秀的人才，也能弥补自己没有受过教育的不足。"父亲的话让他足足享用了一生。为此，小山田确定了自己创业的信心："即使失败了，我扔下原来的工作，改行支一个摆卖牛奶的小摊也能吸引顾客。"

有了足够的信心，山田多喜二的大脑又飞快地转了起来。他注意到，当时，神户市里通了电车。他认为，有了电车之后，自行车的需求必将减少，而电器事业将来一定会有光明的前景。因此，他决定离开干了多年的自行车车铺，到大阪电器公司去工作。这一想

法改变了他的一生，从此使他踏上了成功之路。

山田多喜二爱动脑筋，这个习惯不因环境和人事的改变而改变。在电器公司，他勤奋好学，不但工作成绩显著，而且利用业余时间发奋学习，力图全面掌握电器知识。他往往不顾白天工作辛劳，在晚上下班后，徒步走很远的路程去关东工商学校夜间部学习。"一分耕耘，一分收获"，没过多久，他就成了全公司的业务尖子。

伟大的发明往往始于偶然。山田多喜二有一次为一位穿高跟皮鞋的年轻太太修理破裂的高跟皮鞋，皮鞋的前半部分已经断裂。照常理，大多数的人都不会再穿这样的皮鞋了，可这位太太非要山田多喜二给她修好不可。无奈之下，他只好试着用一块薄金属片把断裂的两部分连接了起来。就在此时，他的脑中突然电光石火般地产生了一个念头："用一块薄金属片代替螺丝钉，把电线放进灯头内，和薄金属片接触，即可生效。"

山田多喜二认为这是一个非常有用的发明，而且具有很大的可行性。因为他在担任技术师的时候，就发现人们使用的电灯灯头制造不够完善，还有许多需要改进的地方，这种电灯灯头里面要用两只螺丝钉，再用锡焊牢，他认为是多余和浪费。如果采用他的发明，就可省去螺丝钉，直接减少一道焊接手续。

兴奋不已的山田多喜二于当年就为他的发明，向日本标准局申请了专利。从这件事中，山田多喜二意识到认真利用机遇既是一个人成功的重要条件，也是一个企业成功的必备要素。对于志在独自创业的他来说，仅仅会发明几项东西是远远不够的，他必须学会如何去抓住、利用稍纵即逝的机遇。只有两者兼具，才有可能成功。

山田多喜二的成功，就是在常人难以达到的境界中，不失时机地抓住了三次机遇，实现了事业的腾飞，这也是他最值得自豪并引以为荣的。三次机遇就是山田多喜二创业史上的三座里程碑，前两

次机遇是他第三次机遇的基础。在这两次机遇中，山田分别通过发明多功能洗衣机而创建了自己的公司和通过自我改革创立了一种团队经营的理念，为他的公司在国际市场上的扩展提供了机会，这就是他的第三次机遇。

山田多喜二懂得善待机遇的最佳方式就是充分利用机遇，从不让到手的机会白白溜掉。为此，他一直密切关注国际市场的阴晴冷暖、风吹草动。山田多喜二对工作制度完善、设备改进、自动化程度、劳动生产率提高尤其重视，他积极介绍、倡导并建立了山田公司的综合研究系统——中央研究所和机构制造所，不断设计出引领时尚新潮流的前沿产品，使山田公司在国际竞争中长盛不衰，也奠定了山田公司在国际市场上的领先地位。

成功的因素是复杂的，如果你有从一无所有的困境中奋起的勇气，那就应该充满自信，面对创业的不确定性和人生的失败，毫不畏惧。害怕失败没有任何用处，依靠勇气和信念，下决心去干，自然会有无穷的精神力量。但是，如果不借助智慧的双翅，不善于在波谲云诡的社会里敏锐地捕捉改变自己一生的机会，而仅仅具有勇气和信念，仍然难以展翅飞翔。

把机遇牢牢地抓在手里

机遇降临时，很多人容易妄自得意，以为成功就在手中。其实，机遇不是成功的必然因素，抓住机遇才可能成功。

1947 年，美国贝尔实验室发明了晶体管。许多人立刻意识到，这是一个发达的机遇，因为这个东西可能会取代电子管，特别是在

消费性电子产品方面，如收音机和刚上市的电视机，晶体管具有巨大的潜力。一些美国的大型制造厂商也知道这是一个机遇，也开始着手研究晶体管，但他们没有立刻抓住不放，而是计划在 1970 年左右才以晶体管取代电子管。因为他们认为，在此之前，完全使用晶体管的条件并不具备。

当时索尼公司默默无闻，而且并不生产消费性电子产品。但当索尼总经理盛田昭夫从报纸上看到有关晶体管的消息后，超人的预见力和创新意识使他顿觉机遇来临，即刻奔赴美国，经过考察和谈判，以便宜得近乎荒谬的价格——25 000 美元，从贝尔试验室买下了晶体管生产的专利。

两年后，索尼公司推出世界上第一台便携式晶体管收音机，其重量不到市场上一般电子管收音机的 1/5。不但性能优越，耗电极省，而且价格还便宜了 2/3。所以，首批生产的 200 万台一下子就被抢购一空，其销售额正好是购买专利所花费的 100 倍。三年后，索尼公司的产品便占领了美国的市场。

希腊商人奥那西斯，人称"世界船王"，拥有船只 400 多艘，运力达 700 多万吨。面对这样的巨商大贾，很多人以为他也是像其他富翁一样，靠勤劳和原始积累发家的。然而，事实却不尽然，他成功的诀窍与众不同：在别人放弃的地方发现商机。20 世纪 30 年代初发生的经济危机，席卷了整个资本主义社会，海上运输濒于瘫痪，船价暴跌，船东们纷纷低价抛售船只。奥那希思却目光独到，他坚信经济危机总会过去，复苏的日子总会到来。那时，海上运输的商机依然无限。于是，他花了 12 万美元买了原价值达 1 200 万美元的 6 艘商船。此举为他日后成为世界船王迈出了最关键的一步。

机会是成功的前奏。当机遇来临时，我们必须千方百计地抓住它，因为抓住它也就抓住了成功之门的把手。

智者创造机会

任何人唯一能依靠的"运气"，是他自己创造的"机遇"。

常有人大发感慨：如果给我一个机会，我也能……他们把自己的命运系在一个子虚乌有的机会上，他们当然总也不会成功，以至于至今都只知道抱怨自己的命运。

没有人会主动给你送来机会，机会也不会主动来到你的身边，只有你自己去主动争取。成大事者的习惯之一是：有机会，抓机会；没有机会，创造机会。任何人唯一能依靠的"运气"，是他自己创造的"机遇"——这需要坚忍不拔的精神。

江西籍打工妹罗冬香就是因为善于创造机会，被浙江东阳市著名企业——"朝龙"服饰公司聘为生产技术厂长，年薪60万元。她在接受采访时说："有人说，我只是一个普通的打工仔，机遇无论如何不会降临到自己的头上。其实不然，俗话说，当运气关闭这扇门窗时，必然有另一扇门窗开启着。就是普通的打工仔如果能够把握机会，有意识地创造机会，同样可以获利丰厚。"

1986年，在乡办造纸厂工作的罗冬香被一辆车把一条腿骨断成了三截。但是，罗冬香没有自暴自弃，她相信天无绝人之路。在住院期间，一位朋友无意中给她捎来几本裁剪书，罗冬香便开始学习裁剪。住院几个月，她足足剪掉半人高的旧报纸。出院后，罗冬香又回原来的工厂上班，由于她的腿成了畸形，厂领导特地把她安排到磅房工作。活儿虽轻松，但工资收入却很低，很难维持生活。

这年冬天，一位湖北的裁缝来到仙源乡开办缝纫培训班。罗冬

香闻讯后，就到朋友那儿凑了些钱，跟着一群小姐妹报了名。两个月的学习结束时，罗冬香连夜赶做了一件中山装，交给师傅检验。师傅看到衣服后，私下里就对别人说，这小姑娘将来要抢我的饭碗。

1992 年，罗冬香应聘到温州"华士"服饰公司，开始了人生的又一次飞跃。在"华士"工作几个星期后，她就被调到设计部工作。同部门有七八名设计人员，都是名牌大学的毕业生。于是，她除了向老师傅虚心求教，还利用业余时间学习了大量的专业书籍，并参加了中国纺织大学的函授，硬是攻下了全部的课程。她所设计的欧式西服投放市场后，马上成为一种时尚。由于在几次重大的技术革新中她提出的设计方案均被采纳，年底她受到了公司的嘉奖。

1995 年 10 月，罗冬香辞职回家养病。一个月后，罗冬香再次回到温州。此时，恰逢一家名叫"名绅"的服饰企业在筹办。经朋友介绍，冬香加盟"名绅"。筹建之初，罗冬香成了实际上的主管，从车间设备安装到员工培训以及各项制度的完善，她都要一一去落实。

罗冬香出色的工作赢得了老总的首肯，他放心地把企业交给她去管理。一年后，"名绅"西服就拿到了国家质量技术监督局一等品的殊荣，并被浙江省消费者协会授予"消费者质量信得过产品"。

慕名而来请罗冬香"出山"的浙江东阳市的青年企业家斯朝龙，是东阳市朝龙服饰有限公司总经理。2001 年初，他听到罗冬香和她当年在温州叱咤风云的传奇经历后，决定以年薪 60 万元聘走罗冬香这位打工妹，担任生产技术厂长。

由此可见，生活中并不缺乏机遇，而是缺少发现机遇、抓住机遇的素质。如果具备了较高的素质，即使生活中没有机遇，也能创造出机遇。

伟大的自然哲学家法拉第是铁匠的儿子，年轻时他写信给汉佛里·戴维申请在英国皇家学会谋职。戴维就此咨询了一位朋友："这里

有一封名叫法拉第的年轻人写来的信，他一直在听我的课，想让我为他在皇家研究院找个工作，我该怎么办？""怎么办？让他去刷瓶子，他要是能有什么出息，就会立即去干；他要是不会有出息，就会拒绝。"后来的事实是，法拉第选择了"干"。刷瓶子算不上一个什么好机会，但法拉第却从中创造出了机会：他在工作之余利用那些坩埚和玻璃瓶子做实验，虚心请教皇家学会的泰斗们。就这样，他终于成为伍尔维皇家学会教授。廷德尔谈起这位年轻人时说："他是人类历史上最伟大的实验哲学家。"法拉第成为那个时代的科学奇人。

莎士比亚说："聪明人会抓住每一次机会，更聪明的人会不断创造新机会。"怎么创造机会呢？创造机会要有目的地、主动地去发掘或制造有利的环境，利用现有的资源，以最有效的方式，增加或创造利益。

弗里德里克出生于美国旧金山的一个中产阶级家庭，少年时期便梦想成为一个成功的商人。由于没有什么太好的机遇，他的心中也时常显得焦躁不安。

一个很偶然的机会，他发现，常常被人们废弃的冰块的用途实际上是非常广泛的。而它的主要用途也就是最普遍的、最大众化的用途——食用。而且，冰块加入水中，或者化为水，就可以成为冷饮。他立即敏锐地发现：在气候炎热的地方，这种饮料会有广阔的市场。

弗里德里克由此看到了一个潜在的商机。但是，他发现当务之急是改变人们的饮用习惯，用冷饮取代人们习以为常的热饮，开创一种冷饮流行的市场局面，才可能使冰块销售业务有长足的进展。

于是，弗里德里克开始不断地实验创造消费。他试着利用冰块做各种各样的冷饮，并将冰块加入各种酒中勾兑出各种口味的鸡尾酒。经过多次试验，他终于试制出适合多数人饮用的冷饮。

实验成功之后，他开始思索，怎样才能让冷饮自动地成为一种时尚，成为一种人们趋之若鹜的消费倾向，而不靠自己挨家挨户地去劝说顾客呢？渐渐地，他观察到人们一般情况下只是在酒店或者热饮店里喝饮料或酒。到了夏天天气炎热的时候，这些酒店生意都不太好，店主也为之烦恼不已。于是，他决定从酒店入手，传播自己创造的时尚。

开始时，他免费给一些小酒店提供冰块，并且教会酒店人员用冰块去做各种冰镇饮品及勾兑各种鸡尾酒。因为这些冷饮在炎热天气下有解暑降温的作用，经冰镇过的各种液体亦会变得十分可口，这些饮品便立即在各个地方，尤其是那些气温高而又缺水的地区率先风靡起来。于是，许多店主开始纷纷效仿他的做法，大量购买冰块制作冷饮。

弗里德里克自己也不失时机地经营了一家冷饮店，专营冷饮。一时间，冷饮蔚然成风，人们渐渐改变了以往只喝热饮的习惯，学会了在热天里饮用冷饮止渴消暑。于是，冷饮开始在全国各地广泛地流行起来，成为一种新兴的健康时尚。

冷饮的风行大大地带动了冰块的销售，一切都如弗里德里克所预料的那样，冰块的销售业务得到了巨大的发展，弗里德里克的一番努力终于使冰块的消费市场第一次得到充分发掘，他的心态开始稳定下来，事业也逐渐从起始时的艰难中走出来，慢慢向成功的高峰挺进。

从这里可以看出，机会不是等来的，在很多时候还得靠自己去发现、去挖掘，甚至还得靠自己去创造，并且创造机会比等待机会更为重要。现成的机会毕竟不多，等待机会显得过于被动。但创造机会却能充分发挥自己的主观能动性，把握甚至改变事情的发展趋势。

不要忽视身边的机遇

有这样一个传说，一个住在柏林的犹太人时常梦见在一个碾米厂的地下埋藏了许多宝物。终于有一天，他抑制不住自己的好奇心，决定去挖掘。天未破晓时，他就起床准备好了。到了碾米厂之后，他便仔仔细细地挖了起来。可是，几乎挖遍了碾米厂，却仍然没有挖掘到任何值钱的东西。碾米厂的厂主闻声而至，问他为什么在此地挖掘。当厂主听完他说明缘由后，突然高声大叫："太奇妙了，我也经常梦见一位住在柏林的人，而他的院子里也埋着许多宝贝。"厂主不但这么说，甚至还指出梦中那个人的名字，说来也真凑巧，这正是那个犹太人自己的名字啊。于是，犹太人立刻马不停蹄地回到自己的家里，赶忙挖掘院子，没想到竟然真的挖出许多宝贝。有时，人们特别喜欢跑到外面去寻找宝藏，却不知道自己的院子里也埋藏了许多宝物，只是我们没有去挖掘而已。

还有一个故事，讲的是一位艺术家一直想找一块檀香木来雕刻圣母像。就在他近乎绝望的时候，他做了一个梦，梦中被吩咐用一块烧火用的橡木雕刻圣母像。醒来后他立即照办，用一段普通的木柴创作出一个雕刻史上的杰作。原来，许多人一心想找到檀香木用来雕刻，错过了许多宝贵的机会。实际上，我们用烧火用的普通木材就可以创作出杰作来。

这两个故事对我们的启示就是，请勿忘记自己身边的宝物，即别忽略身边的机会。

美国人华勒斯大学没读完，就辍学回到乡下，为他父亲所开办

的农业书籍出版社帮忙。此时正好第一次世界大战爆发，他应征入伍，随部队来到法国而受伤。住院期间，华勒斯闲得发慌，就将他带入军中的杂志拿出来重新翻阅，发现这些杂志中有些特别有趣的文章。他想，如果把这些文章摘录下来，汇集成册，刊登第一流的佳作摘要，一定很畅销。

于是，华勒斯将这些杂志中有趣而又实用的部分摘录下来，重新组合，使之形成简洁、生动、有趣的文摘。华勒斯伤愈退役返回家乡后，一面帮助父亲做出版工作，一面到图书馆寻找杂志，不论是十年前的旧稿还是新发行的杂志，只要有趣、有价值而且不容易看腻的部分，他就摘录下来。1920年1月，华勒斯将他收录的31篇文章编入《读者文摘》第一期。这期只印了2 000份，目的是看看读者的反映。发出征订之后，《读者文摘》立即得到广大读者的欢迎，订数大增。现在行销世界的美国《读者文摘》就是这样创办起来的。这说明，你只要细心观察，肯花时间去思考，就能发现潜伏在身边的许多机会。

随机应变才能把握机遇

随机应变的意思浅显易懂，但应用起来却并非轻而易举，因为这需要具备丰富的学识、敏锐的洞察力，能及时捕捉各方面的信息，正确展望形势发展，从而审时度势，果断决策。

清朝末年，重庆商人刘继陶赶往川北收购桐油，途中因事耽搁，迟到一步。尚未制成的桐油，早被各地蜂拥而至的油商抢购一空。刘继陶了解到当年当地桐籽大丰收，桐油的产量也将大大超过往年，桐

油上市后油篓子也将变成俏货，而当地的竹篾货源却比往年减少了许多。于是，他果断地决定改变原来的计划，将原来用做购买桐油的钱全部用来购买油篓子。天一亮，他便派出手下全部伙计四面出击，用现金订购当地所有的油篓货源。不久，桐油开始大量上市，那些手中拥有大量桐油的油商们却为购不到用于装运的油篓而万分焦急。万般无奈之下，他们只好以高价向垄断油篓货源的刘继陶购买。

重新设想一下，如果是我们，结果会怎样呢？我想，大多数人会因为没有订购到桐油而灰心丧气，打道回府。当时遇到同样情况的许多商人也确实选择了我们设想的道路，但刘继陶却能面对不利局面随机应变。随机应变是一项综合素质，一旦对它使用自如，就能在各个领域驾驭风云，使自己处于主动地位，立于不败之地。

享有"万能博士"美誉的哈默出生于美国的一个医生家庭，从小就显示出极高的经商天赋。他18岁时接管了父亲经营的濒临破产的制药厂，通过一番大刀阔斧的改革，在极短的时间内使其扭亏为盈，因而名声大噪。当时，他正在哥伦比亚医学院就读，成为全美唯一的百万富翁大学生。

1921年，苏联正流行瘟疫，饥荒严重。这个消息被哈默知道后，他便毅然放弃当医生的机会，赴苏联做一次人道主义者。他带领一所流动医院，包括一辆救护车和大批药品，长途跋涉，历尽艰辛，抵达莫斯科，将带去的价值10万美元的医疗设备无偿赠给苏联人民。

就是在这次活动中，他发现了一个发财的好机会，使他从人道主义者变为沟通东西方的商人。他来到乌拉尔山地区时，看到饿殍遍野，令人毛骨悚然。然而，白金、绿宝石应有尽有，各种矿产和毛皮也堆积如山。"为什么不出口这些东西去换粮食呢，当时的美国粮食大丰收，价格大跌。"善于理财的哈默突发奇想，他马上向当地

的苏维埃政府提出了这条建议，愿意以赊销的方式提供给苏联价值100万美元的小麦。

消息传到莫斯科，列宁一方面对哈默的胆识表示赏识，另一方面果断改变了过去对待西方国家的贸易态度，并顶住了当时党内"宁可饿死也不卖国"的"左"倾思潮的压力，很快发出指示让外贸部门确认这笔贸易。哈默立即打电报给他在美国的哥哥哈里，带来100万蒲耳小麦，并从苏联拉走了价值100万美元的毛皮和一吨西方早已绝迹的上等鱼子酱。粮食解决了苏联的饥荒，哈默也从此开了苏联对美国贸易开放的先河。但世事无常，1929年，苏联实行企业国有化，取消租让制，哈默的企业被政府收购。他只好带着无限遗憾携妻离开苏联，回到美国。

回到纽约后，正赶上20世纪30年代美国经济萧条，他的生意很不景气，真可谓生不逢时。但是，哈默总能随机应变搞经营。正像他自己所说："我并不常常回忆过去的好事，而总想着现在和将来要干些什么。"正是因为他能面对现实，才能不断抓住机遇、创造机会。这一回，他又灵机一动，将他在苏联收购的古董和艺术品拿到各大商场展览。在对路易斯一家公司展销的第一个星期，展厅平均每天接待2 000人，收入高达几十万美元。

接着，哈默又在各大城市举办了23次展销，他的艺术品买卖就像旅行的马戏团一样令人眼花缭乱，掀起一次又一次艺术品拍卖的高潮。他还先后在纽约和洛杉矶办起艺术馆，一面展览一面从事文物买卖。由于这些艺术品非常名贵，他的艺术馆轰动一时。在短短三年间，哈默又成了一个古董商。他还专门撰写了一本书，题为《罗曼诺夫王朝珍宝寻觅记》，因而成为杰出的文物专家。此后，他还当过牧场主、企业家，都非常成功，他随机应变的能力令全美国人都目瞪口呆、羡慕不已。

面对机遇别犹豫

那些时常慨叹时运不济的人，最容易犯的错误就是喜欢空发牢骚而不愿意脚踏实地地去做，致使许多机会都白白溜走。

犹太人曾说过：人的一生中，有三种东西不能使用过多，即做面包的酵母、盐和犹豫。酵母放多了面包会酸，盐放多了菜会苦，犹豫过多则会丧失各种成功的机会。大凡成大事者，无一不是面对机遇善于把握的人。

美国金融大亨摩根诞生于美国康乃狄格州哈特福的一个富商家庭。摩根家族 1 600 年前从英格兰迁往美洲大陆。最初，摩根的祖父约瑟夫·摩根开了一家小小的咖啡馆，积累了一定的资金后，又开了一家大旅馆，既炒股票，又参与保险业。可以说，约瑟夫·摩根是靠胆识发家的。有一次，纽约发生大火，损失惨重。保险投资者惊慌失措，纷纷要求放弃自己的股份以求不再负担火灾保险费。约瑟夫横下心买下了全部股份，然后，他把投保手续费大大提高。由于他还清了纽约大火赔偿金，信誉倍增。尽管他增加了投保手续费，投保者还是纷至沓来。这次火灾，反使约瑟夫净赚 15 万美金。就是这些钱，奠定了摩根家族最初的基业。摩根的父亲吉诺斯·S·摩根则以开菜店起家，后与银行家皮鲍狄合伙，专门经营债券和股票生意。

生活在传统的商人家族，受到特殊的家庭氛围与商业熏陶，摩根年轻时便敢想敢做，颇富商业冒险和投机精神。1857 年，摩根从德哥廷根大学毕业，进入邓肯商行工作。一次，他去古巴哈瓦那为

商行采购鱼虾等海鲜归来，途经新奥尔良码头时，下船在码头一带兜风。突然，有一位陌生白人从后面拍了拍他的肩膀："先生，想买咖啡吗？我可以出半价。"

"半价？什么咖啡？"摩根疑惑地盯着陌生人。

陌生人马上自我介绍说："我是一艘巴西货船船长，为一位美国商人运来一船咖啡。可是货到了，那位美国商人却已破产了。这船咖啡只好在此抛锚……先生，您如果买下，等于帮我一个大忙，我情愿半价出售。但有一条，必须现金交易。"

摩根跟着巴西船长一起去看了看咖啡，成色还不错。——想到价钱如此便宜，摩根便毫不犹豫地决定以邓肯商行的名义买下这船咖啡。然后，他兴致勃勃地给邓肯发出电报。可邓肯的回电是："不准擅用公司名义！立即撤销交易！"

摩根勃然大怒，深为邓肯如此不重视送上门的赚钱机会而痛心疾首。但邓肯商行毕竟不是摩根家的，他也无可奈何。无奈之下，摩根只好求助于在伦敦的父亲。吉诺斯回电，同意用自己伦敦公司的户头偿还挪用邓肯商行的欠款。摩根大为振奋，索性放手大干一番，在巴西船长的引荐之下，他又买下了其他船上的咖啡。

摩根初出茅庐，做下如此一桩大买卖，不能不说是冒险。但上帝偏偏对他情有独钟，就在他买下这批咖啡不久，巴西便出现了严寒天气，一下子使咖啡大为减产。于是，咖啡价格暴涨，摩根便顺风迎时地大赚了一笔。

毋庸置疑，在机遇降临的同时，往往也带来一定的风险。对此，许多人虽然想抓住机遇，但又害怕遭遇风险，总是犹豫不决，左右为难，结果便坐失良机。实际上，失去机遇才是最大的风险。对于机遇中隐含的风险，只要我们认真把握，是完全可以避免的，关键在于你敢不敢去冒风险而获得机遇。只有敢冒风险的人，才有最大

的机会赢得成功。古往今来，没有任何一个成功者不曾经历过风险的考验。很简单的道理，不经历风雨，怎能见彩虹；不去冒风险，又怎能把握住人生的机遇呢？

机会稍纵即逝，如白驹过隙。机会来临时就立即抓住它，要比貌似谨慎的犹豫好得多。犹豫的结果只能错过机遇，果断出击才是改变命运的最好办法。

生活中有很多人，也在时刻准备着去拼搏。但当机遇迎面而来时，他们却犹豫了，他们承受不了可能招致的失败的打击。其实，在把握机遇的过程中，风险是难免的。即使看准了的事，付诸行动时，也可能会招致失败。但是，如果不付诸行动，则永远不会成功。

古语云："临渊羡鱼，不如退而结网。"那些时常慨叹时运不济的人，最容易犯的错误就是喜欢空发牢骚，致使许多机会都白白溜走。机遇不会等待任何人，只有一步一个脚印，踏踏实实地去做事，方能博得幸运女神的青睐。

第六章　人脉法则：人脉是成功的资本

人脉是成功的资本

孔子告诉我们，一个人有多大成就，要看他平时积累下多少东西，看他能从别人那里学到多少东西。换言之，就是要看这个人平日里积累下多少人脉。建立良好的人际关系，也正像一个聪明的领导从历史中汲取智慧一样，也需要从别人那里得到信息和智慧。

卡耐基说过，一个人的事业成就85%来自人脉关系，只有15%来自专业知识。由此可见，人脉对于一个人成功的确至关重要。人活在这个世界上，免不了要跟各种各样的人打交道。世界是多姿多彩的，处在这个纷繁复杂的世界中的人也是各种各样的。他们性格不一，志趣相异，他们或者由于工作的需要，或者为了某种目的，和周围的人发生着或大或小、或亲或疏的关系，由此形成了各式各样的群体或组织。当你孤身一人闯入这个社会时，首先需要获得的便是一个良好的人际关系。

修炼关系靠平时。在建立良好交际的过程中，一个重要的原则就是：对已经建立起来的关系，千万不要与人失去联络。不要等到

有事时，才去想到别人。"关系"就像一把刀，常常磨才不会生锈。若是半年以上不联系，你就可能已经失去这位朋友了。

人们一直都在忙于自己的事，为生活而四处奔波，没有过多的时间在一起聊天、谈心。可是，我们想要拥有良好的人际关系，就必须多与身边的人联系。只有不断地往来，才能促进感情的交流，彼此之间才能有更深入的了解。

事实上，我们所要做的并不多，只是花些时间去朋友家走一走。也许只是随意地寒暄几句，也许进行一次长谈。总之，我们在加深对方对自己的印象，让他们认为我们越来越熟悉。这样深入下去，我们之间的关系会越来越融洽。

一般来说，当我们初识一群人时，交际中进展速度往往跟接触频率成正比。也就是说，如果你跟某位刚认识的朋友刚开始时总是有机会接触的话，你们的关系很快就会变近，形成比较亲密的群体。道理很简单，为什么你会跟你的同学和同事很快地形成亲密关系呢？就是因为你们经常见面、经常接触，彼此很快就了解了。人与人之间只有经常互相交流，才能保持良好的关系。

为什么中国人有那么多礼节，碰上婚丧嫁娶等大事，亲戚朋友就要参加，有许多场合还得送礼？这是几千年来的传统，这是很有必要的，因为这是亲朋好友经常保持联系的一种方式。如果一户人家常年关闭门户，既不主动"出去"，也不欢迎别人"进来"，那就是在孤立自己。

要保持良好的人际关系，你必须跟你现有的亲戚、朋友保持经常联系。有空给远在异地的亲人、朋友打打电话，通通信，询问一下对方近来的工作、学习情况，介绍一下自己的情况，互相交流一下，这是很有必要的，这点时间绝对不能节省。碰上亲戚、朋友的人生大事，如果有空最好尽量参加。如果实在脱不开身，最好也得写信或托人带点什么。不然，怎么算得上亲戚朋友？

对方有困难的时候，更应加强联系。许多人总是喜欢向别人、朋友汇报自己的喜事，而对于困难却不好意思开口，应打消这些顾虑。

另外，常常保持联系对你自己会有许多好处。和亲戚中的长辈经常联系，一旦你碰上什么事情，如找工作、找对象等，听听他们的意见，或者找他们帮忙，对你将有直接或间接的帮助。如果平时没有联系，需要时就很难找上门去。即使找到，别人也不会乐意帮助你的。

英国哲学家培根说过："如果把快乐告诉一个朋友，你将得到两个快乐；而如果你把忧愁向一个朋友倾吐，你将被分掉一半忧愁。"英国诗人柯立芝说："友谊是一棵遮荫树。"办事不顺或者四处碰壁的时候，你一定经常会想："如果我有足够多的关系，一定可以更加顺利地完成这件工作。""如果和那位关键人物能够牵扯上任何关系，做起事来就可以方便多了。"这是因为，只要我们和那些关键人物有所联系，当有事情想要去拜托他或与其商量讨论时，总是能够得到很好的回应。

人脉不是金钱，但它却是一种无形的资产，是一笔潜在的财富。马克思说，人的本质就是社会关系的总和。你的人脉关系越丰富，你的能量也就越大。别人办不了的事情，你可能一个电话就非常漂亮地解决了。反之，你费了九牛二虎之力都解决不了的问题，可能别人一声招呼就轻轻松松地搞定了。社会是一张网，我们每个人只不过是其中的一个结。你和越多的结建立了有效的联系，你就越能四通八达。这张网就是我们通往成功的捷径。否则，你就只是这么一个结，即使这个结再大，也还是孤零零的结，终究于事无补，尤其是在重视人伦关系的中国。

人脉，是比金钱更重要的成功资本，也比金钱更容易得到。只要我们付出真心，就会换回真情。从现在开始，请有意识地积攒你的人脉。不久的将来，你会发现，这些正是助你成功必不可少的财富。

人缘是办事成功的基石

俗话说："积财不如积德。"行善积德，能得高寿。旧时老城隍庙有一副对联说得好："做个好人，天知地鉴鬼神钦；行些善事，身正心安梦魂稳。"

一个人的人际关系状况，即是否有一个"好人缘"，直接关系到求人办事能不能顺利达到目的。有个"好人缘"，你尽可以实现人生设计中的多种构想；没有"好人缘"，则到处受挫，举步难行。

办事有"手腕"的人往往都是应酬的高手，他们懂得如何运用提高自己的人缘指数来增强自己的办事能力。

在弥勒佛的佛像旁有一副对联：大肚能容，容天下难容之事；笑口常开，笑世间可笑之人。这副对联很耐人寻味。

人生在世，不如意者十之八九。在人际关系中，有时发生矛盾，产生隔阂，个中情结，剪不断理还乱，当何以处之？一种方法是"冤家路窄"，小肚鸡肠，耿耿于怀；另一种方法则是"相逢一笑泯恩仇"。毫无疑问，后一种态度是值得称道的。

在人际应酬时，不能待人苛刻，要小心眼，睚眦必报。别人有了成绩，不能眼红，不能忌妒；别人有了不幸，不能幸灾乐祸，落井下石，更不能给人"穿小鞋"。要关心人，爱护人，尊重人，理解人。人与人相处，应当减少"火药味"，增加人情味。要有急公好义的火热心肠。谁没有个七灾八难？你能在人家最困难的时候伸出友谊之手，在你有事的时候，别人也不会袖手旁观。有时候，你可能有过这样的感觉，就是某个人在单位很受欢迎，领导也喜欢他，同事也喜欢他，很有人缘。而有些人则很少有人喜欢他，而且他也不喜欢别人，他的朋友也不多，即人缘儿很差，像个社会弃儿一样。一般而言，大家都比较喜欢有人缘儿的人。能够把有人缘儿的人吸收进你的人际关系网络，使之成为你的好朋友，就会在无形中大大增强你的人际关系网络的能量。要是你的人际关系网络全部都由这样的人组成，那么你的这个人际关系网络的能量也将是无比巨大的，你办事就能非常顺利，甚至张张嘴就把事办了，何乐而不为呢？

朋友多了路好走

朋友是人脉资源中最重要的一部分，运用得好便会给自己的事业助上一臂之力。朋友也是我们可以信赖的贵人，是我们做事的靠山。在朋友的庇护之下，事业会更容易登上一个台阶。

利用朋友关系能成就一番事业，美国大亨特朗普就是此中的高手。

特朗普在大学一毕业，就进入父亲创建的房地产公司任职。大学四年的每年暑假，他都协助父亲管理业务，却不愿待在生活圈子狭窄的纽约市皇后区，宁可独自迁居繁华热闹的曼哈顿，勇敢地伸出触角，在高级社交圈结识不少有钱有势的政经名流。这对于他日后发展房地产事业，有莫大助益。

1974 年，纽约市曼哈顿区的"宾夕法尼亚中央铁路公司"宣告

破产，特朗普立刻买下这块地产，向政府建议在此处兴建"市立会议中心"，迟至 1978 年才获得纽约市政府批准。特朗普费尽心机地向市政府要求用"特朗普"命名此会议中心，但遭到市政府拒绝。

1975 年，特朗普以 100 万美元买进临近纽约中央火车站的破旧旅馆。历经 5 年的准备，终于说服市政府给予 40 年减税优惠，顺利办妥了贷款手续。于 1980 年竣工的"凯悦大饭店"，是特朗普房地产事业上的重要里程碑。他以重金礼聘著名建筑师设计新颖靓丽的饭店外貌，吸引了络绎不绝的宾客，至今仍生意兴隆。"凯悦大饭店"的成功，彰显出特朗普锐不可当的经营才华。年仅 34 岁，他就已在纽约市颇具名气。

紧接着，他又以 2 亿美元在纽约曼哈顿商业区兴建"特朗普大厦"。这幢高达 68 层的综合商业大楼，为高收入的民众提供了宽敞的办公室、精品商店以及豪华公寓，吸引了无数长期租客。特朗普亦因此赚进滚滚钞票，并继续攀越更具挑战性的高峰。

特朗普逐渐将投资范围延伸至房地产以外的行业，如开设赌场、经营航运、经营职业足球俱乐部、赞助职业拳击赛等。

凭借多年来在政经界建立的朋友圈，特朗普轻而易举地扩张信用，投资手笔也一次比一次巨大，并傲慢地以"特朗普"之名为保证，有数家银行竟然愿意随时为他提供上千万美元的贷款金额。

与特朗普相似的是，新大陆董事长王晶也是成功运用朋友作为自己的贵人而在事业上获得巨大的成功。

曾经获得全国十大女性风云人物称号的新大陆集团董事长王晶并不像其他商界明星一样驰名。这位女性曾是新大陆集团的第二大股东，并已位居新大陆集团董事长之位。在实达辉煌时出的一本书里，王晶是作为创业者之一出现在书里的，她是创业者当中唯一的一位女性，并且对实达当年所从事的 POS 终端产品一无所知，但她

却开始为实达构筑公共关系与人力资源平台。

而让她欣慰的是，她在这个过程中积累起来的人脉关系以及宝贵经验，在她与实达第一任总裁胡钢出走实达后的二次创业中发挥了异常重要的作用。在王晶的眼里，她的创业故事里总有许多神奇的事情发生。每每谈起这许多的奇妙故事，就必然会谈起她身边众多的朋友，特别是新大陆第三大股东德国人汤姆与她在新大陆创业成长中的故事：

"1992 年，由于项目合作的原因，我与汤姆认识，此后成为好朋友。新大陆创业时，根本没办法从银行贷款，是汤姆每年无息借给新大陆流动资金。后来，我们以每股 2 元溢价出售部分股权给这位德国朋友，由此他成了新大陆的股东。新大陆创立八年，每年增长速度都是接近 100%，他的投资也获取了很好的收益。对此，他也非常高兴。"

"朋友总是在我最需要的时候出手帮助我。"王晶在回忆当年新大陆上市时的一些故事时说，"我们一直请求科技部帮我们向中国证监会推荐新大陆。后来，在科技部的大力支持下，总共有五家企业成了双高论证准许试点上市企业的高科技企业，新大陆是最后一家带着额度上市的民营高科技企业。辩论的那一天，我们统一着装与发审委员会的专家见面，给他们留下了非常深刻的印象。用友软件由于没有通过，上市比我们迟了两年。"

"朋友是我一生的财富。"王晶说，实达与新大陆创业过程中技术人才与行政管理人才的挑选几乎都是她在操作，"如果我不再创业，我想我会是一个非常好的猎头公司经理人选。福建省人事厅在当年我离开实达时，就力邀我从事这方面的工作。"

在王晶成功的道路上，成功的朋友交际圈发挥了不可替代的重要作用。拥有了朋友的鼎力相助，还有什么事不能办成呢？

人脉是办事的通行证

"独木难撑大厦"，朋友在关键时刻帮你一把，可能会直接促成你办事的成功。

人缘是办事的通行证，要赢得一个好人缘，支起一张人际关系网，光有想法是不够的，你必须积极主动地将它化为行动。

在这个世界上，在各方面都有许多出类拔萃的人物，他们的影响是非同小可的。必须利用与他们接触的机会和他们建立良好的关系，这对你将来成功办事是至关重要的。不要等待，一味地等待只能使你坐失良机，绝对不可能使你建立良好的人际关系，你应该积极地一步一步去做。

在各个场合，你有许多接触他人的机会。如果你想接近他们，让他们成为你人际关系网中的一员，你必须付出像那些西方议员一样的努力。假如你到了一个新的环境，在彼此都不认识的时候，你要主动"出击"，以真诚友好的方式把自己介绍给别人。这样一来，你就能打开局面，求人办事也就顺利得多了。

如果你想多结交一些朋友，你就应该主动了解对方的志趣爱好。你可以通过多种方式得到他们这方面的信息，你要注意与其相处时积累一些有关他的情况。你可以通过他的朋友了解他的为人处世，你也可以通过他的一些个人资料了解他，总之，了解得越多就越好相处。

曾有一位记者，当他要结交新朋友时，总是想方设法打听他们的生日。他先是请教这些人，问他们生日是否会影响一个人的性格

和前途，并借机叫他们把生日告诉他，然后悄悄地把他们的生日都记下，并在日历上一一圈出，以防忘记。等这些人生日的这一天，他就送点小礼物或亲自去祝贺。很快，那些人就对他印象深刻了，把他作为好朋友了。要时刻注意能结交人缘的好机会，你对此必须有所准备。因为机遇是一件捉摸不定的宝贝，但它又专爱有准备的头脑。比如，有朋友请你去参加一个生日聚会、舞会或者简单"搓"一顿，你不要因为自己手头事忙，一时懒得动身而拒绝。如果不是另有十分要紧的事的话，你理应去赴约，因为这些场合是你结交新朋友的好机会。又如，新同事约你出去逛商店或者看电影什么的，你最好也不要随便拒绝，这是一个发展关系的好机会。

人际关系中的机会也需要创造。如果你想和刚认识的朋友进一步发展关系，你可以请他到你家做客。如果你想追一位异性朋友，你更得挖空心思寻找机会和借口跟对方接触。又如，你想和多年未见的老同学重温旧情，回首往事，你就可以试着组织一次同学聚会。人与人之间接触越多，距离就拉得越近。所以，交际中的一条重要规则就是：找机会多和别人接触。

要想成功地找到和一个人接触的机会，你必须对他的作息、生活安排有所了解。对方什么时候起床、吃饭、睡觉，什么时候上班、回家，从这些信息出发再确定跟对方接触。如果打个电话对方不在或者去找他时他正好很忙，这种场合都是不好的。因此，详细把握对方的工作安排、起居时间、生活习惯，瞄准对方最想找人聊天或最需要的时候去找他，这样就很容易获得成功了。和别人建立了初步关系后，你还不能放松，最好抓住机会深入一下。交际中往往会有两种无可非议的目的——直接的和间接的。直接的无非就是想达成某项交易或有利于事情的解决，或想得到别人某方面的指导和帮助。互相利用是人性的弱点，但它也是人类共同需要的心理倾向，

而这正是"借梯登天"之计的实质所在。这里的"梯"指的是他人之力，如名人、亲戚、朋友、同学等的地位、名望、财富或权力等。他人有时是你接近成功或走向成功的桥梁与阶梯，尤其是那些德高望重的名人，他们的力量更能帮你寻找到走向成功的捷径。

《红楼梦》中的薛宝钗填过一首《柳絮词》，其中有一句是："好风凭借力，送我上青云。"在这里，薛宝钗一反大贬柳絮漂浮无根、无所依附的写法，而是用肯定态度对其做了赞美，这正是她见识的独到之处。我们从中可以得到一个启示：一个人要想获得办事的成功，除了依靠自己的努力之外，有时还需要借助他人的力量，才能平步青云扶摇直上。古往今来，借助于名人之力成功的事例数不胜数。汉高祖刘邦立太子的故事就是其中之一。刘邦共有八个皇子，为了争夺太子之位，他们明争暗斗。刘邦有立戚夫人之子如意为太子之意，可吕后想立自己的儿子盈为太子，于是就找张良帮忙。张良献上一计："皇上一直想请四个在野的贤人出山，但他们始终不肯。若将他们迎为宾客，太子若常能请此四人赴宴，必会被皇上看见，而问其原因。"果不出所料，高祖以为盈为人恭敬仁孝，天下名人慕名而来，终于立盈为太子。盈的成功完全仰仗了四大贤人的盛名，借助他们的名望得到了皇帝的宝座。当然，这也包括他母亲吕后和张良的妙计，只有刘邦被蒙在鼓中。

一代伟人毛泽东当年就是靠李大钊的引荐才成为北大图书馆的管理员，而这一职业为他日后成为杰出的诗人、军事家和政治家奠定了坚实的基础。如果没有李大钊的引荐，毛泽东就可能选择其他职业，而这个差别对他的一生必然会产生重大影响。

历史是必然的发展，有时也是偶然的巧合，但成功之路却大同小异。中国人历来看重宗族亲情，以至在今天仍然盛行"走后门"。这种"后门"其实就是一种看不见的裙带关系网，类似于我们所说

的"梯子"。利用"后门"去干违法乱纪的事情,当然要坚决制止。但如果你想充分发挥你的才智,有所成就,在某些时候借助"梯子"是很有必要的,尤其是刚走出校门,又缺乏社会经验的学生,要想在社会上谋得一份理想的工作,得到社会的承认,就必须靠熟人或名人引荐。

一般来说,无论引荐者的名望大还是小、地位高还是低,只要对你成功有所帮助,他就是你登上高处的好梯子,他的威信和影响力都能对你有用处。一般人除了对权威和名望有一种天然的崇拜感和信任感之外,对熟识的人同样有一种可靠、信赖的感觉。因此,他们常常会从推荐者身上来估量被推荐者的能力和人格。这种透视现象可以帮助求职者被录用,继而步步高升。

在施行"借梯登高"之计时,一般要遵循以下步骤。

第一,找"梯",要与有影响力的人做朋友。对于一般人来说,在求职或就业的过程中,应该随时留心周围人的品格、能力及其影响力,要用真心去交朋友。为了赢得他人的真诚相助,你必须先付出某些东西,如真心或物质。人心都是肉长的,你天长日久的付出总会有所回报。

第二,借"梯",也就是求得朋友的帮助。朋友能否帮上你的忙,还得看你平时表现究竟如何。这就要求你与人交往时,目光要放远些,不要因利小而不为,也不要因利大而为之。

如果你与对你求职就业有所帮助的朋友发生了不愉快,你先要谅解他。"小不忍则乱大谋",这是古训。在这方面,古人也做出过榜样。比如,韩信能受胯下之辱,张良能为老者拾履。平时的基础打好了,量变积累终会成为质变,也就会"得来全不费工夫"了。你待人好,人家对你自然有真心,关键时刻帮你一把也在情理之中了。这样看来,借"梯"的功夫完全包含在平时的交往办事中。这

里还需要说的是，有很多人并不是不会施行"手腕"，而是觉得难为情而不愿意求人，总觉得这样做有失体面，就像是贬低了自己的能力。其实，这些想法都是不必要的。俗话说："一个篱笆三个桩，一个好汉三个帮。"即使拿破仑也需要别人帮他架起成功的桥梁，何况你只是一个平常人呢？

建立好人脉的原则

建立好人脉是 20 几岁年轻人的头等大事，许多人失败就失败在做人上。做人差，在关键时刻自然没有人帮。那些成大事的伟人、巨人的成功与他们建立好人脉的能力是分不开的。每当危险时机，总会有人出来扶他一把，最终帮助他们走向辉煌。

建立好人脉是一门学问，不是说一两天就能学会的。想把人脉搞好，必须要下一番工夫。下面，我们介绍建立好人脉必备的几点原则。

1. 诚实是基础

诚实是成功交往的基础。所谓诚实，字面含义就是真心真意。真、善、美是人们追求的三大理想境界，诚实是这一理想境界的要素之一。诚实如果成为某个人的稳定态度和习惯性的行为方式，就构成他的性格，这种性格是可贵的。有人说："腹心相照，谓之知心。"知心朋友和牢固的友谊是必须通过真诚相处才能获得的。正如古人所说："朋而不心，面朋也；友而不心，面友也。"在人际交往中，人们总是希望他人诚实但却常常忽视了自己的诚实。例如，有人在交友时总要考虑他人对自己是否"有用"。有利可图，就虚情笼

113

络；无利可图，则弃之不理。这种交往已经走进"死胡同"，等待他的将是孤立。那么，怎样做到诚实呢？诚实就是要正直无私，就是要说老实话、办老实事、做老实人，就是要表里如一、胸怀坦荡。

2. 尊重他人

人人都有自尊心。可有些人在交往中只强调尊重自己，却不尊重别人。不尊重别人，别人就不会尊重你。你与他人就没法沟通、没法合作，因为你已经失去与他人沟通的基础。相反，你尊重别人，别人就会尊重你。古人说："人敬我一尺，我敬人一丈。"

画家尤金·威尔逊是位印花模板的制造商。他向一位设计家推荐他的作品，历时3年无结果，每次退回画稿都被告知："这图案我不欣赏。"后来，威尔逊带了几张没有完成的底稿去，说："不知道应该如何完成它，请你给我指点指点。"对方说："先将画放在这儿，两三天之后再来。"结果，威尔逊尊重设计家的意见，并按他的意见完成画稿。那位先生不仅购买了大批画，还与他结下了深厚的友谊。

3. 充满自信，善于辩解

在人际交往中，不能仅仅真诚坦率地表达自己的感情、信仰、意愿，还应维护自己的正当权利。通过辩解增加交际双方的沟通了解，既表示自我尊重，也表示尊重他人。

无力自我辩解的人表现得缺乏自信，无原则，忧心忡忡，畏首畏尾，一事无成，缺乏对交际对象的吸引力。而侵权行为者则表现得自我意识过高过重，丝毫不顾及他人的感情和权利，为自我利益而我行我素，让人生厌。自我辩解者恰处以上两者之间，自信地维护自己的正当权利，不压抑自我，也尊重对方，显得有骨气、有意志、有进取心和竞争力。

4. 大度为怀

做人应表现大度，不斤斤计较。但也并不是没有原则，否则大

度得过火，就会表现出你为人散漫，不仅对自己造成损失，也会给他人留下不好的印象。

美国提多玛毛织公司是世界上有名的大公司。在刚成立不久，一位顾客就冲进董事长提多玛的办公室争论："职员来函催款，说我欠公司 15 美金，根本没有这回事。"他专程从芝加哥飞到纽约来争论，声明要和该公司断交。他对董事长叽里呱啦讲了半天，情绪平稳多了。等他说完，提多玛和颜悦色地说："您特意从芝加哥赶来，我真不知如何谢您。对于下属打扰您，我由衷地表示抱歉。实际上，应该我去访问您才对。而且错误也许就发生在我这边，这 15 美金就算了吧。"说完，向他推荐另一家信誉相当好的公司，并与他共进午餐。午餐后，这位顾客竟主动提出再向公司订货的要求。回芝加哥后，这位顾客冷静查账，发现确实是自己的错误，就补寄了 15 美元支票和道歉信。此后，他生了一个女儿，居然起名提多玛。在以后的 23 年中，他与提多玛密切往来，成为好朋友。

5. 平等待人，入乡随俗

能成大事的人都会以平等的态度与他人交往，不会自恃自己的地位、特长而盛气凌人，任何时候都把自己当做普通一员，这也是成功交往的一个要诀。有时候，人家也许对你产生误解，但你坚持这一条必会受益。

新闻界名人商恺是一个成功的人，他在与各色人物交往时，就很注意把握这一条。他说："要学会入乡随俗，上了公共汽车，你是普通乘客，得听售票员的。走在路上，你是普通行人，得听警察的。"不要老想着自己是什么"长"，位置摆得对，就会充实，就会成功。

6. 将心比心

甲在地上写了一个 6，站在对面的乙硬说这是 9，两人吵得不亦乐乎，丙来了，看出端倪，劝他们相互站到对方的角度再看看，甲和乙恍然大悟。这说明：只有站在对方的角度才能理解对方，如果我们了解了事情的全面情况，就可以宽恕任何片面的意见。

美国汽车大王亨利·福特说："如果成功有秘诀的话，那就是站在对方的立场来考虑问题。"倘若你与别人发生了争执，如果能够冷静地站在对方的立场上去认识和思考问题，你或许会发现自己是错的，而且你肯主动承认自己的错误，就会使矛盾完美地解决，还会在交际活动中使对方确立对你的信任。

加强人脉的稳定性

人际关系是通向成功的"桥梁"。如果 20 几岁的你还未建立起牢固的、层次分明的人际关系网，那你就离成功还有很远的距离。人际关系网包括你的亲人、朋友，包括所有可以互相帮助的人。

令人羡慕的成功者，除了他们本身优越的条件外，他们有一群非常要好的朋友。这些朋友为他们出谋划策，对他们提出高的要求，不让他们有丝毫的松懈和半点的放弃。

为了在 20 几岁时获得成功，你也需要有这样一群良好的朋友，需要有这样一张良好的人际关系网。

从一定意义上说，人际关系网对一个人事业的成败及工作的好坏具有极大的影响。成功在很大程度上取决于你拥有多大的权力和影响力，与合适的人建立稳固的关系是至关重要的。

良好的人际关系能开拓你的视野，让你随时了解周围所发生的事情，并提高你倾听和交流的能力。当你对职业关系有所意识，并

开始选择你认为对自己有帮助的人时，你必须放下那些关系网中的额外负担。其中，或许包括那些认识已久却对你的职业生涯毫无益处的人。当然，你们仍然是朋友，只是你不必浪费宝贵的时间去费尽心力地维系这种老关系。

良好、稳定的人际关系必须由 10 个左右你所信赖的核心人组成。这首选的 10 个人可以是你的朋友、家庭成员以及那些在事业上与你联系紧密的人。这些人构成你的影响力内圈，因为他们能为你创造一个发挥特长的空间，而且彼此都是朝一个方向努力。这里不存在钩心斗角，他们不会在背后说东道西，并且会从心底希望你成功，你与他们的合作也会很愉快。

另外，你必须与至少 15 个人组成的后备力量保持一定的联系，作为你 10 个人内圈的补充。假如内圈中有一位退休或移民国外，那 15 个人组成的后备军就派上用场了。其实，只要你每月定期和他们取得联系，通过电话、传真、聚会、电子邮件或信件，这个团体的人数就会超过 15 人。

对方在试图与你建立关系时，总会打听你是做什么的。如果你的回答很一般，比如只是一句"我是某公司的经理"，你就失去了与对方继续交流的机会。你不妨这样回答对方："我在某公司负责一个小组的管理工作，主要为我们的网络开发软件。我喜欢骑马，爱好打网球，并且喜爱文学。"这种简单而不失个性的介绍不仅为你的回答增添了色彩，也为对方提供了不少可以继续接触的话题，说不定其中就有对方感兴趣的。当他表示"哦，你爱打网球？我也喜欢"时，你们就建立了一种最初的关系。建造关系网络的前提，不是"别人能为我做什么"，而是"我能为别人做什么"。在回答问题时，不妨补上一句："我能为你做些什么？"

保持联络是建立成功关系网络的另一个重要条件。当《纽约时报》记者问美国前总统克林顿如何保持自己的政治关系网时，他回答说："每天晚上睡觉前，我会在一张卡片上列出我当天联系过的每一个人，注明重要细节、时间、会晤地点以及与此相关的一些信息，然后输入秘书为我建立的关系网数据库中。这些年来，朋友们帮了我不少。"

与关系网络中的每个人保持密切的联系，最好的方式就是创造性地运用你的日程表，记下那些对你关系的维持至关重要的日子，比如生日或周年庆祝等。在这些特别的日子里准时和他们通话，哪怕只是给他们寄张贺卡，他们也会高兴万分，因为他们知道你心中想着他们。

观察他们在组织中的变化也不容忽视。当你的关系网成员升迁或调到其他的组织中去时，你应该衷心地祝贺他们。同时，也把你个人的情况透露给对方。去度假之前，打电话问问他们有什么需要。

当他们处于人生的低谷时，立刻打电话给他们。不论你的关系网中谁遇到了麻烦，你都要立即打电话安慰他，并主动提供帮助，这是你支持对方的最好方式。

充分地利用你的商务旅行。如果你旅行的地点正好离你的某位关系成员挺近，你就应该邀请他与你共进午餐或晚餐。只要是你的关系网的成员邀请，不论是升职派对，还是他女儿的婚礼，你都要去露露面。至少每三个月调整一下你的关系网，要多问问自己："为什么要保留这种关系？"如果你不定期更新或增加新人，你的关系网就会逐渐老化，其威力会大大减弱，应该时刻关注网络成员的信息，定期将你收到的信息与他们分享，这对你来说是十分必要的。

第七章 合作法则：合作是成功的开始

合作是 21 世纪生存的有力武器

每个人都知道一个人的力量是有限的，只有大家拧成一股绳，才能产生无比强大的能量，帮助自己获得一个人无法取得的成就。邱虹云、王科、李益斌、徐中正是凭这股合力，一步一步地走向了成功。

22 岁的邱虹云主要负责产品开发，策划、营销、公关都是王科他们的事。他因喜欢搞科研发明而被老师和同学视为"发明天才"。他是在 1997 年寒假期间着手研制现在成为公司唯一产品的科学发明的。经过几个月的研究之后，他终于拿出了样品。由于这一发明，他决定参加学校的"挑战杯"发明大赛。之后，他又准备参加清华大学举办的创业大赛。同年 4 月，邱虹云与王科等组成创业团队，他们的产品在大赛上引起各方强烈关注并荣获大赛第一名，成为清华参加全国创业大赛的五个项目之一。在王科等人的鼓动下，邱虹云决定自行开发研制这个产品，大家一起创业办公司，共同把它推向市场。

王科是清华大学自动化四年级学生，英语非常好，从大三起就先后在麦肯锡管理公司、法国巴黎国民银行等20多家公司实习或工作过。在此期间，他有不少机会可以出国或进入外企工作，但自己创业的念头一直萦绕在他的心头。邱虹云的发明给他提供了灵感和契机。父母非常支持他的想法，在投资资金没有落实的情况下，给他寄来了一笔钱，这笔钱成了他们开始共同创建视美乐公司的重要资金来源。5月底，他拿到了营业执照，自己当了老板。

24岁的李益斌是在新东方上学而认识王科的。王科在那里教GRE，是李益斌的老师。李益斌曾在很多公司干过，并曾在加拿大一家公司从普通职员干到办公室主任。王科很欣赏他在财务方面的能力及他的为人，所以力邀李益斌加盟。

爱激动的李益斌用一句话形容他和王科的关系，他说："是狮子应该站在狮子的行列。"以他对王科的了解，他非常愿意加入王科的创业团队。

徐中是清华大学96级MBA班班长，29岁，曾在一家规模很大的公司担任过团委书记，有5年的工作经验。进入清华后，他又曾在一些大公司工作过。王科很看重徐中的工商管理知识背景和他的工作经验，而且认为徐中的"能量很大"。

徐中加入王科的创业团队很偶然。在一次创业大赛时，徐中是一个参赛团队的顾问，王科对其印象很深。通过这次大赛的接触，双方逐渐熟悉起来。

1997年4月的一天，正为邱虹云的产品激动着的王科在食堂遇到徐中。王科希望徐中给他推荐一个人，结果徐中毛遂自荐。当下，两个人就拟订了一个方案。晚上，王科带徐中去看产品。看完产品，徐中说："我当即做出决定，要全身心地去做这件事。"他和王科共同决定选择风险投资方式来做这件事，他们希望自己至少也能像张

朝阳的搜狐公司那样成功。

王科意外得到人才，很兴奋，他说："我这个人冲劲比较足，但容易头脑发昏，而徐中社会经验非常丰富，比我沉稳。我们在一起可以相互补充、相互学习。"

后来的事情很具体、很琐碎、很累人，跑执照、搞市场调查、写商业计划、跟投资管理公司打交道、跟投资方谈判合作事宜，选择产品生产厂家、选择零部件、选择专家和校内外人才都由徐中完成。王科看到，徐中确实是把全身心投入进去了。

他们各有所长，各司其职。邱虹云负责技术攻关，王科具有很强的管理能力。李益斌、徐中用王科的话来说，是视美乐的两大设计师，视美乐缺少他们哪位都不行。

经过不断的努力，他们终于取得了成功。在现场演示会上，视美乐公司的技术核心人士邱虹云展示了他发明的投影仪的独特功能。通过这个一尺见方的铁盒子，观众从大投影屏幕上可以看DVD、录像带以及电脑多媒体图像，图像非常清晰，不仅是普通投影仪无法比拟的，甚至超过了电视图像的清晰度。

据这位清华大学材料系三年级学生讲，他研制的这个多媒体超大屏幕投影电视，超越了现有的电视技术，可以广泛应用于家庭、教育、商业等众多领域。因为邱虹云一套超越传统的技术设计，让这种性能先进的产品价格只是国外同类产品价格的1/3，因而具有广阔的潜在市场。

因为这个产品的魅力，在短短的两个月内，吸引了十五六家投资商的关注，最终吸引了上海第一百货的总经理张引琪。张引琪听了这个产品的介绍后，立刻就锁定目标，向"视美乐"表示了投资意向。上报董事会后，董事会开了半个小时就全面通过了。前后仅3周，"上海一百"就成了"视美乐"的风险投资商，一期投资250

万，只占项目收益的20%股份。待产品完成中试后，二期投入5 000万元，所占股份上升至60%。

邱虹云等四学子靠着良好的合作，创建了视美乐公司，吸引了许多投资商的目光，最终驱使上海第一百货投资5 250万元，创造了一个不小的创业神话。

这就是合作的力量，俗话说"尺有所短，寸有所长"，与人合作可以弥补自身的不足，互相取长补短，毕竟每个人的能力都有限。有些人精力旺盛，认为这世界上根本就没有自己做不到的事。其实，精力再充沛，个人的能力还是会有一定限度。人的性格和能力千差万别，这些差别是经过日积月累而逐渐养成的，不能说哪一种类型就一定好、哪一种类型就一定坏。正是因为这些不同，每个人所能从事的工作性质就不一样。要想有所作为。首先得明白自己的性格和能力，然后选定一个适合自己的工作目标。在与人合作时，也应注意分析别人的性格特点，尽可能使每个人都能找到适合自己的工作。也就是说，他能弥补你的短处，而你也能补救他的不足。

每个人最好能从事与自己个性相关联的工作，这样就一定会全心全意做好这项工作。世界上最大的悲剧，也是最大的浪费就是大多数人从事不适合自己个性的工作。过去的社会体制限制着个人，使得他们没有选择的权利。现在的社会，选择余地越来越大，好多人却仍然只是选择或从事从金钱观点看来最为有利可图的事业或工作，根本没有去考虑自己的个性和能力。现在，社会为人们提供了便利的条件和宽松的发展环境，你完全可以自由择业。这样的机会你一定要好好去把握，才不会在年老回首往事时感到遗憾。

只有充分发挥自身优势并能利用他人的优势来弥补自己不足的人，才会在今天的社会中取得成就。一个人的能力毕竟是有限的，相信自己的力量固然是正确的但是一味保守地坚持自己的意见，则

不可避免地要遭到失败。每个人都有自己的优势和特长，适当地互相联合起来也许会达到绝佳的效果。

合作就是为了同一个目标和愿望而共同努力的人们联合起来，它是所有组合式努力的开始，拿破仑·希尔称此为"团结努力"。

在"团结努力"的过程中，有专业、合作、协调三项最重要的因素。

为了证明组合和合作的重要性。我们可以拿法律事业来加以说明。如果一家法律事务所只拥有一种类型的律师，哪怕它拥有几名甚至几十名能力很强的人才，它的发展也将会受到很大的限制。我们知道，法律制度是错综复杂的，并不是单独一两个人所能提供的，它需要的是各式各类出类拔萃的人才。

显而易见，仅仅把人组合起来还不够。在这良好的集体组织所包含的人才中，每个成员必须都能提供这个团体其他成员所不能提供的特殊才能，也就是将自己的工作做成不可替代性的工作。

一个组织良好的法律事务所应该具备什么样的人才结构呢？最起码应该具有能为各种案子做好充分准备工作的特殊才能的人，还有能够把法律条文与证据同时纳入一个很好的计划中的具有想象力的人。当然，这些人没有必要都具有出庭处理案件的能力。所以，法律事务所还必须要有熟悉法庭程序的人才。不同的案子需要不同的专门人才来做事前的准备工作以及出庭工作，这样分工下去就更细了。

一个了解"合作努力"原则的律师，在寻找合伙人时，他绝不会采用"听天由命"的办法，找自己熟识的人或跟自己个性合得来的人，而是看他们是否拥有特殊的专门法律才能，是否对自己所想要执行的专门的法律及其程序极为熟悉。

当今的世界"适者生存"，这儿所说的"适者"就是有力量的

人，而力量就是团结努力。很不幸的是，由于无知或自大，有些人因而误认为自己完全有能力驾驭好这叶脆弱的小帆船，驶入这个处处危险的生命海洋。这些人将会发现，有些漩涡比任何危险的海域还要危险万分。大自然所有的法则与计划都建立在和谐与合作的领域上，世界上所有的领袖早就发现了这个伟大的真理。

当人们处于不友好的敌对战斗状态时，不管是在何处，也不管战斗的性质及原因是什么，我们都可以发现，在战场附近都有这样的一个大漩涡在等待着这些战斗者。

只有通过和平、和谐的合作努力，才能获得生命中的成功。独自一个人必定无法获得成功。即使一个人跑到荒野中去隐居，远离各种人类文明，他仍然需要依赖他本身以外的力量才能生存下去。他越是成为文明的一部分，越是需要依赖合作性的努力。

不管一个人是依靠白天的辛勤工作为生，还是依靠利息收入生活，只要他能够和其他人友好"合作"，他的生活就可以过得更为顺心一点。还有，生活哲学以"合作"而不是以"竞争"为基础的人，不仅可以比较容易过日子，还将享受到额外的"幸福"，而这是其他人永远享受不到的。"合作"可使人们获得双重的奖励：一方面可使我们获得生活的一切需求享受；另一方面可使我们的内心回归于一种平静，这是贪婪者永远无法得到的。

帮助别人就是帮助自己

帮助别人就是帮助自己，帮助别人也就是在发展自己，别人得到的并非就是你自己失去的。

有一个人被带去观赏天堂和地狱，他先去看了魔鬼掌管的地狱。第一眼看去令人十分吃惊，因为所有的人都坐在酒桌旁，桌上摆满了各种佳肴，包括肉、水果、蔬菜。然而，当他仔细看那些人时，他发现没有一张笑脸，也没有伴随盛宴的音乐或狂欢的迹象。坐在桌子旁边的人看起来无精打采，瘦得皮包骨头。这个人发现他们每人的左臂上都捆着一把叉子，右臂上则捆着一把刀，刀和叉都有4尺长的把手，使它不能用来吃。所以，即使每一样食品都在他们手边，结果还是吃不到。他带着疑惑去了天堂，景象完全一样：食物、刀、叉与那些4尺长的把手，然而，天堂里的居民却都在唱歌、欢笑。为什么情况相同，结果却如此不同呢？因为地狱里每个人都试图喂自己，可4尺长的把手根本不可能吃到东西；天堂上的每一个人都是喂对面的人，而且也被对面的人所喂，因为互相帮助，结果反而帮助了自己。

这个启示很明白，如果你帮助其他人获得他们需要的东西，你也会因此而得到想要的东西，而且你帮助的人越多，你得到的也越多。

我相信大家都听过这样一个故事：一个生气的男孩向他妈妈大喊他恨她，然后他又害怕受到惩罚，就跑出家，来到山腰上对着山谷大喊："我恨你！我恨你！"山谷传来回应："我恨你！我恨你！"男孩吃了一惊，跑回家去告诉他妈妈说，在山谷里有个可恶的小男孩对他说恨他。于是，他妈妈就把他带回山腰上并让他喊："我爱你！我爱你！"男孩按他妈妈说的做了，这回他发现有个可爱的小男孩在山谷里对他喊："我爱你！我爱你！"

生活就像山谷回声，你付出什么，就得到什么；你耕种什么，就收获什么。

1987年6月法国网球公开赛期间，保罗·弗雷斯科和韦尔奇在

巴黎招待他们的商业伙伴，一起观赏这一盛大赛事。法国政府控股的汤姆逊电子公司的董事长阿兰·戈麦斯也在他们热情邀请之列。韦尔奇事先已经约好第二天去戈麦斯的办公室拜访他，在他们见面的时候，情形和韦尔奇第一次与别的商家会谈时没有什么两样。他们的企业都需要对方帮助。汤姆逊公司拥有一家韦尔奇想要的医疗造影设备公司。这家公司叫 CGR，实力不算很强，在同行业内排名只是第四或第五名。而韦尔奇的 GE 公司在美国医疗设备行业则拥有一家首屈一指的子公司，这家子公司几乎垄断了美国从 X 光机、CT 扫描仪到核磁共振治疗仪等医疗设备的全部业务，但他们在欧洲市场却没有明显优势。尤其重要的是，由于法国政府保持着对汤姆逊公司的控股，实际上就等于将韦尔奇的公司关在了法国市场之外。

在会谈中，阿兰·戈麦斯明确地表示他不想把他的医疗业务卖给韦尔奇，但韦尔奇决定看看他是否对进行业务交换感兴趣。因此，他向戈麦斯说明，他可以用自己的其他业务与他们的医疗业务进行交换。在此之前，韦尔奇非常清楚他不喜欢 GE 的哪些业务和公司。因此，他绝不会做赔本的交易。于是，他站起身来，走到汤姆逊公司会议室的讲解板前面，拿起一支水笔，开始在上面列出他能够卖给他们的一些业务。他列出的第一个项目是半导体业务，对方不想要。然后，他又列出电视机制造业务。这时，阿兰·戈麦斯立刻表示对这个想法很有兴趣。在他看来，他的电视业务规模目前还不算很大，而且全都局限在欧洲范围之内。他认为，通过这项交换，可以把那些不赚钱的医疗业务甩掉，同时又能使他一夜之间成为第一大电视机制造商。他们两人对这项交易很是兴奋，于是马上开始谈判。很快，他们达成一致。谈判结束后，阿兰·戈麦斯陪着韦尔奇走出了电梯，一直把他送到等候在办公楼外面的轿车旁边。

当车发动起来并从道路上疾驶而去的时候，韦尔奇一把抓住了

他身边的秘书的胳膊，激动地说："天啊，是上帝来让我做这笔交易的，我当然有理由把它做得更好。"秘书回答他："我认为，阿兰·戈麦斯也是真想做成这笔交易。"他们都开怀大笑起来。韦尔奇确信，阿兰回到楼上之后也会有同样的感觉。因为阿兰·戈麦斯也同样清楚，他的电视机公司规模太小，根本无法同日本人竞争。这笔交易可以使他获得一个相对稳定的规模经济和市场地位，从而使他可以应对一场巨大的挑战。对韦尔奇来讲，他在国内消费电子产品的业务年销售额为 30 亿美元。而买进汤姆逊的医疗设备，自己的业务年收入将增加到 7 亿 5 千万美元。这笔交易将使韦尔奇在欧洲市场的份额提高到 15%。他将更有实力来对付 GE 的最大竞争者——西门子公司。在余下的 6 周之内，交易过程中的所有手续全部顺利完成，并于 7 月份对外宣布。除了做交换的医疗设备业务之外，汤姆逊公司还附带给了 GE 公司 10 亿美元现金和一批专利使用权，这批专利权将会每年为 GE 带来 1 亿美元的收入。而同时，汤姆逊公司也变成世界上最大的电视机生产商。然而，韦尔奇出售电视机业务一事却成了很多人批评的对象。许多媒体指责他是在向日本人的竞争屈服，另一些人则攻击他不爱国，只爱钱。他甚至被称为在战斗中开小差的胆小鬼。但韦尔奇对此发表评论说："这些批评都是媒体的一派胡言。事实是，通过交易，我们的医疗设备业务更加全球化，技术更加尖端，而且还得到一大笔现金。每年专利使用费的收入就比我们前十年里电视机业务的纯收入还要多。而且，我们由此上缴国家的利税也是前些年的好几倍。"就这样，韦尔奇与汤姆逊公司在很短的时间内做成了这笔交易，各自提高了业务量，最终双双取得了成功。

　　这就是双赢的魅力，以双赢为出发点，大家都可取得成功，何乐而不为呢？

合作能集思广益

一个人可以凭着自己的想象力取得一定的成就，但如果可以把自己的想象力和别人的想象力结合起来，就会取得令人意想不到的成就。我们可以把每个人的"心智"结合起来，形成一个强大的"能量体"，那么，它创造财富的力量也必定是无与伦比的。

两块木头所能共同承受的力量，大于这两块木头独自的承受力之和；两种药物并用的效用，也可能大于分开使用的效用之和。集思广益的观念从这类自然现象中得出，就是全体大于部分之和。

可是，人类社会不像自然界那么简单。集思广益，换句话说，也就是集体创新，但创新的结果总是让人很难预料。创新的路上难免会碰到艰难险阻，人只有放弃眼前安适的环境，才能开创新的事业。

集思广益的精髓在于尊重差异，取长补短。在家庭中，夫妻双方生理、精神、情感与社会角色的不同，可以成为开创新生活和促进个人成长的契机，孕育出更为美好的下一代。

拿破仑·希尔的朋友约翰先生积累了多年的教学经验，他深信考验师生集思广益能力的最佳时刻就是出现不一般状况的时候。

他难以忘记曾教过一班大学生"领导哲学与风格"的课程，那是在刚开学的时候，有一位同学做口头报告时，坦白地吐露自己的心声，内容感人泪下，深深地触动了班上的同学。受此影响，其他同学也纷纷走上讲台畅所欲言，甚至对内心深处的疑虑也毫不保留。当时，那种信赖和坦诚的气氛深深地触动了约翰先生，他也浑然忘

我地投入其中，并逐渐萌发了放弃原定教学计划的想法，开始尝试一种新的教学方式，最终大家决议抛开课本、进度表和口头报告，重新修订教学计划和作业，全体同学都投入到课程内容的策划之中。3周后，大家又把这一段的学习心得汇集成书。然后，他们又开始重新制订计划，重新分组。

为了另外一个迥然不同的目标，大家的热情比以前高涨多了。这段看似平常的历程却对这班学生的成长产生了积极的影响。最主要的是培养出了罕见的向心力和认同感。以后，他们经常举行同学会，一直持续到今天，每个人对那个学期的点点滴滴都难以忘怀。

为什么在这么短的时间内，这班学生就能够完全互信与合作？约翰认为，他们的个性已相当成熟，渴望进行有意义的课程尝试，而自己适时地提供了催化剂。所以，对那班同学而言，可谓"水到渠成"。

只要你真诚地言他人所想言，总会得到相应的反馈，集思广益的沟通也就由此开始。

合作伙伴是成功的基石

要想事业成功，你就必须找到理想的合作伙伴。理想的合作伙伴不仅是一个能为你提供资金、技术、安全感或其他方面支持你的人，而且更重要的是他应该是一个能让你信任、尊敬并与之同甘共苦的人，是一个与你具有共同的发展目标和价值观念的人，是一个能与你的才能、性格等方面形成互补的人。

科学家们研究发现，大雁之所以能够长途飞行就是因为群体协

作。成群的大雁"V"字形飞行，比一只大雁单独飞行能多飞出12%的距离。人也一样，只要你能跟你的伙伴合作而不是互相干扰争斗，你就可以发展得更快、更好、更远。

所谓合作伙伴，就是既要能"合"，又要能"作"。也就是说，既要能与你精诚合作，不起异心，又要有实际能力办成实事，而不是只说不"作"，这两点缺一不可。

合作就像婚姻，它是你腾飞的起点，是你发达的基础。好的婚姻使人幸福有加，好的合作使人飞黄腾达。有好的合作伙伴是人一生的幸运，而不相宜的合作伙伴则使人两败俱伤。

所以，选择合作伙伴，应该注意以下原则。

1. 要选择重承诺、守信用的人做你的合作伙伴

在现代市场经济条件下，信用和信誉是价值连城的无形资产，无论是在做人方面还是做生意方面。孔子曾说过："人而无信，不知其可也。"意思是说，一个人不守信，不讲信用，是根本不可以交往的。

船王包玉刚在争夺香港最大的码头——九龙仓控股权，与英资财团展开的一场收购与反收购战中，以其在香港银行长期良好的信用记录及李嘉诚等富豪彼此信任支持的合作下，很快调集 20 多亿现金，从而赢得了这场号称世纪收购战的胜利。

在合作的事业中，"重承诺、守信用"这六个字是对合作伙伴的道德要求，也是基本要求。如果合作的事业中混入了连这个基本道德也不具备的合伙人，那么事业的前途实际上已毁了一半。首先，因为合作伙伴了解企业的内部情况，包括技术秘密、营销网络、人事档案，再加上他所处的地位和拥有的权利，一旦居心不良，后果将不堪设想。其次，解除合作带来的危机。在合作过程中，"狐狸的尾巴总要露出来"，合作伙伴的坏品质定会暴露无遗。如果你不愿意

与其继续合作下去，一劳永逸地解决问题的方式也只有选择散伙。当初合作的理想或目标此时已变成海市蜃楼，而先前为筹办企业而付出的精力就会白费了。

2. 要选择志相同、道相合的人做你的合作伙伴

合作伙伴在合作之初最直接的认同就是"志"相同。"志"指的是目标和动机。从广义上讲，"志"既包含了合作人的动机、目标等许多复杂的内容，也可以是赚钱、扬名、实现理想……其次的认同就是"道"相合。"道"就是实现"志"的方法和手段。著名企业家选人的首要标准就是志同道合，要求部下必须熟知他的领导作风，对他的管理方法能贯彻执行。在选择合作伙伴时，志同道合同样至关重要。

3. 要选择能够取长补短、优劣互补的人做你的合作伙伴

《山海经》里有一则故事说，长臂国的长臂人和长腿国的长腿人，各有各的长处，也各有各的短处。下海捉鱼，一个涉水深，另一个却够不着。可是，当长臂人骑到长腿人的肩上时，就既能涉得深又能够得着了。这是说互相补充、有机组合的道理。同样，合作伙伴有缺点，你也有缺点；合作伙伴有优点，你也有优点。如果能进行互补的话，合作的整体力量必会得到极大的加强。

合作就像一部机器，机器需要不同的零部件的配合。一个优秀的合作结构，不仅能够为合作伙伴的能力发挥创造良好的条件，还会产生彼此都不拥有的一种新的力量，使单个人的能力得到放大、强化和延伸。最成功的合作事业是由才能和背景互不相同而又能相互配合的人合作创造出来的。

如果你来自城市，而他来自乡村，你受到的是良好的教育，而他是靠刻苦自修，你的性格比较外向、奔放，而他的性格比较内向、谦和，你们必能互相砥砺，成功合作。

4. 要选择有德亦有才的人做你的合作伙伴

古代的大军事家曹操曾说过这么一句颇有争议的话：唯才是举。意思就是说只要你有才能，不管你的道德品质如何，我都会重用你、提拔你。可是，在现代社会，"唯才是举"在任何一个行业恐怕都难得到推崇。与曹操同时代的刘备临终之时说过这样一句话："勿以恶小而为之，勿以善小而不为，惟贤惟德，能服于人。"这句话也是有问题的，它只是强调了"德"，而没有强调"才"。

德和才的内涵是什么呢？这是一个比较复杂的问题，很少有人能真正讲清楚。但有一点大家或许会同意：家庭主妇的才德和合作人的才德是不同的。合作人的才包括有用的和相关的知识、技术和能力，能帮助企业获利，合作人的德则包括重信守约，不见利忘义，团结合作，互谦互让等与合作的事业发展、稳定相联系的内容。

挑选合作伙伴时要全面衡量，注重德才兼备，否则就会如人们所说："有德无才是庸人，有才无德是小人。"重德轻才，往往导致与庸人合作；重才轻德，往往导致与小人合作。无论是庸人还是小人，与之合作注定是要失败的。其中，尤其要注意的是不可见才忘德。

总之，一个人要在事业上取得成功，就得找到真正可以合作的伙伴或者支持者。

合作能事半功倍

相传佛教创始人释迦牟尼曾问他的弟子："一滴水怎样才能不干涸？"弟子们面面相觑，无法回答。释迦牟尼说："把它放到大海

里去。"

一个人再完美，也只是一滴水。一个团队就是大海。一个人只有融入团队中，才能发挥他的潜能，才能实现他的人生价值。

在2004年结束的雅典奥运会上，中国女排在冠军争夺赛中那场惊心动魄的胜利就恰恰证明了这一点。

2004年8月11日，意大利排协技术专家卡尔罗·里西先生在观看中国女排训练后认为，中国队在奥运会上的成败很大程度上取决于赵蕊蕊。但是，在奥运会开始后中国女排的第一次比赛中，中国女排第一主力、身高1.97米的赵蕊蕊因腿伤复发，无法上场参加比赛了。媒体惊呼：中国女排的网上"长城"坍塌。中国女排只好一场场去拼，在小组赛中，中国队还输给了古巴队。这时，国人已经对女排夺冠没有多大信心了。

然而，在最终与俄罗斯争夺冠军的决赛中，身高仅1.82米的张越红一记重扣穿越了2.02米的加莫娃的头顶，宣告这场历时2小时零19分钟、出现过50次平局的巅峰对决的结束。经过了漫长的艰辛的20年以后，中国女排再次夺得奥运会金牌。观众们熬夜看完了整场比赛，惊心动魄后则是激动的泪水，就像在20年前看到郎平、周晓兰、张蓉芳等老一辈中国女排夺冠时一样激动。

女排夺冠后，中国女排教练陈忠和放声痛哭两次。男儿有泪不轻弹，其中的艰辛，只有陈忠和及女排姑娘们最清楚。

那么，中国女排凭什么战胜了那些世界强队？凭什么反败为胜，最终战胜俄罗斯队？陈忠和赛后说："我们没有绝对的实力去战胜对手，只能靠团队精神，靠拼搏精神去赢得胜利。用两个字来概括队员们能够反败为胜的原因，那就是'忘我'。"

海豚总是集体出动，集成一小团一小团分批出猎，每一团多至20个列队，成扇形出发，扫描着前方的海域，寻找鱼群。偶尔，海

豚会不费力地跃出水面，跃到 20～66 米高，以侦察海鸟的踪迹。因为海鸟总是伴随着鱼群，也以鱼群为食。然后，海豚躬着背跃回队伍的排头，利落地落入水中。若是侦察出猎物的位置，海豚就吵吵嚷嚷地跳跃着，或是以侧边逆行，或是做肚皮击水动作把鱼群围起来，并赶至水面上。它们的围堵像墙般坚固，鱼群插翅难逃。它们的跳跃喷溅，也能引来其他的几团海豚。

海豚组成一个团队，达成共识，上下齐心，分工合作，为了共同的目标而打拼。如果只有孤零零的一只海豚，即使它有再大的力量，表现得再出色，也很难创造奇迹。这就像一棵树，无论它怎样伟岸、粗壮和挺拔，也成不了一片森林；就像一块石头，无论它怎样大，也成不了一面墙。任何人要有所作为，就必须把自己融入团队之中，与大家齐心协力，这样才能赢得发展。没有完美的个人，只有完美的团队。如果注重合作，就会以最小的代价，获取最大的成功。

第八章 创新法则：创新是成功的起点

创新是 21 世纪的通行证

创新不是天上掉下来的恩赐，它源自大地，植根于生活的土壤。

世界巨富比尔·盖茨在一次演讲中说道：可持续竞争的唯一优势来自于超过竞争对手的创新能力！

相比之下，彼得·德鲁克说得更直接：要么创新，要么死亡！

松下幸之助也说：今后的世界，并不是以武力统治，而是以创新支配。

要发展、要成功，必然是从创新入手，在创新中成功，依靠创新成功。上帝创造人类，人类创造历史。任何新事物的产生都是对已有事物的否定，都是一种突破、一种创新。

人类社会发展进步的历史就是不断创新的历史，人类学会了驾驭马匹代替步行，当他们觉得马车仍不够快时，他们就幻想着能像鸟一样自由地飞。于是，就有了汽车，有了飞机。社会就是在不断地创新中得到飞速的发展。

人们从科学技术日益迅猛的发展进步中，越来越深切地感受和

认识到创新的重要和可贵。有识之士提出了响亮的口号：创新是21世纪的通行证。"创新思维"近年来成为使用率最高的语汇之一，在我们的生活和工作中被广泛地应用。创新思维一般是指以新颖、独特的方法去解决问题的思维过程。通过这种思维，不仅能揭露客观事物的本质及其内部联系，而且在此基础上产生了新颖、独创、具有明显社会意义的思维成果。许多成功人士的发展之路也是他们的创新之路，无论遇到怎样的困难与问题，创新思维总能适时地为他们排忧解难。

创新思维存在两个基本特征：一是独创性；二是常态性。独创性是指在思路的探索上、思维的方式上敢于打破陈规陋习，创立新理念。

为什么说创新思维具有常态性呢？说到创新思维，我们立即会想起牛顿，想起爱因斯坦，仿佛创新就是他们这些专家学者的专利。其实不然，创新无处不在。不要看不起小人物，他们每天也都在有意无意地进行着创新的思维和创新的活动。

下面就是一个"小人物"运用创新思维顺利解决问题的故事。

几个装修工在帮助客户装修房子时，遇到了一个问题：要把新电线穿过一个10米长，但直径只有2.5厘米的管道，管道是砌在墙壁的砖石里，并且转了4个弯。

这可是一个很难解决的问题：要把电线装好，就必须打烂墙壁，这样不仅要花费不少钱，房子的主人也很不愿意。大家想了很多办法，但还是想不出不毁坏墙壁就让电线穿过去的方法。突然间，一个员工想到了一个点子。大家一听，连连称妙。根据这个点子进行操作，果然很快就把问题解决了。解决这一难题的主角，竟然是两只小白鼠！他们到一个商店买来两只小白鼠，一只公一只母，然后把一根线绑在公鼠身上并把它放到管子的一端。另一名工作人员则

把那只母鼠放到管子的另一端，逗它"吱吱"地叫，公鼠听到母鼠的叫声，便沿着管子跑过去救它。公鼠沿着管子跑，身后的那根线也被拖着跑，电线拴在线上，小公鼠就拉着线和电线跑过了整个管道。

这是一个比较简单的运用创新思维的案例，点子虽简单，却解决了大问题，这就是创新思维的魅力所在。创新思维是每一个人都拥有的，却不是每一个人都善于运用。这需要我们在日常生活中加强创新思维的训练，并能够将其主动地运用到工作和生活中。这样一来，我们便可以把握住每一个创新的机会，让创新为我们的生活和工作增添新的光彩。

创意就是机会

创意就是拓宽思路，不断创造新点子，想人之所未想，能人之所不能，从而以新、奇取胜，用常规思维逻辑之外的想法去赢得成功。

下面这个故事的主人公就是利用独特的创意在竞争中赢得机会的。

有一家大型广告公司招聘高级广告设计师，面试的题目是要求每个应聘者在一张白纸上设计出一个自认为最好的方案，没有主题和内容的限制，然后把自己的方案扔到窗外。谁的方案最先设计完成，并且第一个被路人捡起来看，谁就会被录用。

设计师们开始了忙碌的工作，他们绞尽脑汁地描绘着精美的图案，甚至有的人费尽心思画出诱人的裸体美女。

就在其他人正手忙脚乱的时候，只有一个设计师非常迅速、非常从容地把自己的方案扔到了窗外，并引起路人的哄抢。

他的方案是什么呢？原来，他只是在那张白纸上贴上了一张面值 100 美元的钞票，其他的什么也没画。就在其他人还疲于奔命的时候，他就已经稳坐钓鱼台了。

彼得也是靠自己的创意得到加薪的机会的。

彼得和查理一起进入一家快餐店，当上了服务员。他俩的年龄一般大，也拿着同样的薪水。可是，工作时间不长，彼得就得到老板的嘉奖，很快加了薪，而查理仍然原地踏步。面对查理和周围人的牢骚与不解，老板让他们站在一旁，看看彼得是如何完成服务工作的。

在冷饮柜台前，顾客走过来要一杯麦乳混合饮料。

彼得微笑着对顾客说："先生，您愿意在饮料中加入 1 个还是 2 个鸡蛋呢？"

顾客说："哦，1 个就够了。"

这样快餐店就多卖出 1 个鸡蛋，在麦乳饮料中加 1 个鸡蛋通常是要额外收钱的。

看完彼得的工作后，经理说道："据我观察，我们大多数服务员是这样提问的：'先生，您愿意在您的饮料中加 1 个鸡蛋吗？'而这时顾客的回答通常是：'哦，不，谢谢。'对于一个能够在工作中积极主动地发现问题、带着创意工作的员工，我没有理由不给他加薪。"

运用创新思维，可以克服工作中的困难，提升工作效率，为企业实现最大化的经济效益。同时，也为自己提供了更为广阔的发展空间，为实现自己的人生规划扣上了重要的一环。

世界很多知名企业都很尊重与欣赏员工的创意，并且设置了价

值丰厚的奖励，3M 公司就是其中一家。3M 公司鼓励每一个员工具备这样一些品质：坚持不懈、从失败中学习、好奇心、耐心、个人主观能动性、合作小组、发挥好主意的威力等。

西门子公司也构建了一种遵循"无边界"的原则创新体系。西门子的创新体系不仅仅局限于研发部门，对内，西门子公司通过一个"3i 计划"来收集所有部门员工的创新建议，并为提出建议的员工颁发奖金。3 个"i"字母分别来自 3 个单词：点子（ideas）、激情（impulses）、积极性（initiatives）。"3i 计划"的目标就是让每个员工不断挖掘自身的潜能。

那么，它的成效如何呢？西门子的每个财政年度，员工提出的"金点子"超过 10 万个，其中有 85% 得到采纳并得到嘉奖。同时，提供金点子的员工们也能为此得到总价值高达 2 千万欧元的红利奖金，获最高奖的员工分别得到十几万欧元的奖金。

西门子在德国的一个工厂车间工作的 3 位普通工人提出了把电子元件安装到印刷电路板上的新方法，从而降低了由操作造成的产品不良率，立即为公司降低了 12.3 万欧元的成本。这 3 位员工也因此分别获得 2 万欧元的奖金。

美国著名的企业家哈默说："天下没有坏买卖，只有蹩脚的买卖人。"在工作中能够创造多少价值，就看能够融入多少智慧。在工作中加入创新思维，也许可以产生意想不到的价值。

创新思维就是有这样非凡的作用与威力，创新思维的巧妙运用可以产生绝妙的创意。许多企业就是凭一个好的创意发达的，许多人就是靠奇妙的创意致富的。好的创意不仅能创造财富，更是财富的化身。也有人专门靠创意来赚钱，这就是大家耳熟能详的"点子公司"或"咨询公司"。

创新思维会陪伴人的一生，随时都会有很多好的创意产生，关

键是要认识到它的价值，抓住机会，让创意付诸实践，成为财富增长的源泉。不要放弃任何一个好的创意，好的创意就是取得财富的机会。如果你具有这种能力，就应该把握生活与工作的最佳时机，用创新思维为自己开辟一片崭新的天地。

创新带来生机与活力

创新性思维的核心是创新突破，而不是过去的再现重复。成功的可贵之处在于创造性的思维。一个成大事的人只有通过有所创造，才能体会到人生的真正价值和真正幸福。创新思维在实践中的成功，更可以使人享受到人生的最大幸福，并激励人们以更大的热情去继续从事创造性实践活动，以便实现人生的更大价值。

古今中外，世界上因创新而成大事的人不胜枚举。

"我成大事的秘诀很简单，那就是永远做一个不向现实妥协而刻意创新的叛逆者。"这是美国实业家罗宾·维勒的话。我们能从他的身上看到创新思维对一个人成功所起到的作用是多么巨大。当全美短筒皮靴成为一种流行时尚的时候，每个从事皮靴业的商家都抢着制造短皮靴。他们认为，赶着大潮流走要省力得多。罗宾当时经营着一家小规模皮鞋工场，只有十几个雇工。他深知自己的工场规模小，要挣到大笔的钱确非易事，自己薄弱的资本根本不足以和强大的同行相抗衡。

罗宾列出了两个方案：一是在皮鞋的用料上着眼。就是尽量提高鞋料成本，使自己工场的皮鞋在质量上胜人一筹。然而，这条道路在白热化的市场竞争中行走起来是很困难的。因为自己的产品产

量比别人少得多，成本自然就比别人高。如果再提高成本，获利将有减无增。显然，这条道路是行不通的。二是着手皮鞋款式改革，以新领先。罗宾认为，这个方法比较妥当。只要自己能够翻出新花样、新款式，不断变换、不断创新，招招占人之先，就可以打开一条出路。如果自己创造设计的新款式为顾客所钟爱，利润就会接踵而至。

经过认真的思考，罗宾决定走第二条道路。他立即召开了一个皮鞋款式改革会议，要求工场的十几个工人各尽其能地设计新款式鞋样。为了激发工人创新的积极性，他规定了一个奖励办法：凡是所设计的新款鞋样被工场采用，设计者可立即获得 100 美元的奖金；所设计的鞋样通过改良被采用，设计者可获 50 美元奖金；即使设计的鞋样不能被采用，只要其设计别出心裁，均可获 50 美元奖金。同时，他即席设立了一个设计委员会，由 5 名熟练的造鞋工人任委员，每个委员每月额外支取 100 美元。

这样一来，这家袖珍皮鞋工场里立刻掀起了一股皮鞋款式设计热潮。不到一个月，设计委员会就收到 40 多种设计草样。工场采用了其中 3 种款式别致的鞋样。罗宾立即召集全体大会，给这 3 名设计者颁发了奖金。罗宾的皮鞋工场就把这 3 个新款式皮鞋试行生产。第一次将每种新款式皮鞋制作 1 000 双，制成后立即将其送往各大城市推销。顾客见到这些款式新颖的皮鞋，立即掀起了一股购买热潮。两星期后，罗宾的皮鞋工场收到 2 700 多份数量庞大的订单，这使得罗宾终日忙于出入各大百货公司经理室大门，跟他们签订合约。因为订货的公司多了，罗宾的皮鞋工场逐渐扩大起来。3 年之后，他就拥有了 18 间规模庞大的皮鞋工场。

不久，危机又出现了。当皮鞋工场一多起来，做皮鞋的技工便显得供不应求了。最令罗宾头疼的情形是别的皮鞋工场尽可能地把

工资提高，挽留自己的工人。即便罗宾出重金，也难以把其他工场的工人拉出来。缺乏工人对罗宾来说是一道致命的难关，因为他接到了不少订单，如无法给买主及时供货，这将意味着他得赔偿巨额的违约损失。

罗宾忧心忡忡。他又召集18家皮鞋工场的工人开了一次会议。他始终相信，集思广益，就可以解决一切棘手的问题。他把没有工人可雇佣的难题告诉大家，要求大家各尽所能寻找解决的途径，并且重新宣布了以前那个动脑筋有奖的办法。

会场一片沉默，与会者都陷入思考之中，搜肠刮肚地想办法。过了一会儿，有一个小工举起右手请求发言。罗宾嘉许以后，他站起来怯生生地说："罗宾先生，我以为雇请不到工人无关紧要，我们可以用机器来制造皮鞋。"罗宾还来不及表示意见，就有人嘲笑那个小工："孩子，用什么机器来造鞋呀？你是不是可以造一种这样的机器呢？"那小孩窘得满面通红，惴惴不安地坐了下去。罗宾却走到他身边，请他站起来，挽着他的手走到主席台上，朗声说道："诸位，这孩子没有说错。虽然他还没有造出一种造皮鞋的机器，但他这个办法却很重要，大有用处。只要我们围绕这个概念想办法，问题定会迎刃而解。"

"我们永远不能安于现状，思维不要局限于一定的桎梏之中。这才是我们永远能够不断创新的动力。现在，我宣布这个孩子可获得500美元的奖金。"

经过4个多月的研究和实验，罗宾的皮鞋工场的大量工作就已被机器取而代之了。

在美国商业界，罗宾·维勒的名字就如一盏耀眼的明灯，他的成功与他时时保持锐意创新的精神是密不可分的。

创新是成功的突破口

许多人汗不比别人少流，事不比别人少干，但就是没有成功。一个重要的原因，就是没有找到成功的突破口——创新。

创造与创新是社会前进的火车头。从古到今，无论国家繁荣、民族兴旺，还是个人事业的成功，无不同创造与创新相联系。第一个直立行走的人，第一个制造石斧的人，第一个发明指南针的人，第一个使用火的人，第一个发明蒸汽机的人，第一个发现美洲新大陆的人……每个第一，都推动了历史的进步，都把人类带向新纪元。

创新是社会经济进步的动力。创新就是创造革新，它与墨守成规和因循守旧相对立。想成大事者，首先就必须在思维上达到这样一种程度：用新思维突破常规观念，超越自己的过去，更要超越对手的思维能力。

这种思维也就是我们常说的创造性思维或者叫创新思维，它决定一个人能否成就一番事业或者成就的大小。那些不能突破自身局限的人，之所以在许多场合都毫无起色，就是因为固守于常规性思维，从而决定了自己不可能成就大事。常规性思维一般是按照一定的固有思路进行的思维活动，这样的思维缺乏灵活性。创造性思维的核心则是创新突破，而不是过去的再现重复。对于追求成功的人来说，必须明白：人们为了取得对尚未认识的事物的认识，总要探索前人没有运用过的思维方法，寻求没有先例的办法和措施去分析认识事物，从而获得新的认识和方法，锻炼和提高人的认识能力。在实践过程中，只有运用创造性思维，才能提出一个又一个新观念，形成一种又一种新理论，做出一次又一次新发明和新创造。

现在，创新越来越受到人们的重视，以至成为当前最时髦的词汇。但目前对创新的理解并不全面。许多人提到创新时，往往习惯于把创新说成"科技创新"，似乎创新是与科学或技术联系在一起的。有人甚至还要在科技创新前冠以"高""新"，似乎不高不新的东西都说不上是创新。其实，这是一种误解。蒸汽机的发明、钢铁与化工业的兴起、电力的运用以及现代电子计算机技术的突破当然是创新，而且是极大地改变人类生活面貌的重大创新。这些创新对社会经济发展具有极大推动作用，而且也为其他创新奠定了坚实的基础。

但是，创新绝不仅仅局限于这些重大的科技突破。这些里程碑式的科技突破在人类历史上毕竟不多，而且，它们也是无数中等或小型技术创新积累的结果。在熊彼特的定义中，每一种形式既包括重大科技突破，又包括中等甚至小的技术进步。日本人在世界上并没有做出什么重大科技突破，但他们以原有技术为基础发明的卡式收录机、随身听、家用摄像机和傻瓜相机却风靡全球，为他们带来滚滚财源。汽车和彩电并不是日本人发明的，但他们却以高质量、低价格的汽车和彩电占领了世界市场。这些都是创新，甚至仅仅是原有产品的改进也是一种创新，因为这同样会开拓新的市场。

实际上，创新也不一定就是要发明新东西。一个绝妙的想法、一个新颖的主意，都是创新。麦当劳并没有发明任何新的东西，它生产的"产品"也许以前一个小餐馆都可以制作。但是，麦当劳连锁店的创始人雷·克罗克运用文化概念和管理技术，使"产品"标准化，设计出生产流程和加工工具，制定各阶段的工作标准，从而大大提高了资源的使用效率，并以"质量、清洁、服务、价值"这样一丝不苟的企业文化准则和经营观念不断开拓新市场，接纳新顾客。这也是一种非常有价值的创新。

"创新者生，墨守成规者死"，这是一条被无数事实证明了的真理。很多人不知道这个规律，稍有成就就裹足不前，不再创新不再开拓。结果，不到几年就被时代所淘汰了。创新对于追求成功者的意义，如同新鲜的空气对于生命的意义。我们只有不断地在思维上创新、在行为上创新、在事业上创新，才能顺利地敲开成功的大门。

创新就是打破习惯

阻碍我们成功的，往往不是我们未知的东西，而是我们已知的东西。

有一个成年人不会骑自行车，他看到一个小孩子正在骑，羡慕地对小孩说："小孩子身手敏捷才会骑车。"没想到小孩子却对他说："不一定要身手敏捷才能骑车。"于是，这个小孩开始教这个成年人骑车，而成年人也很快就学会了。当成年人愉快地与这个小孩道别回家时，却仍然习惯性地推着车走路回家——他没有跳出习惯性思维的框框。

因循守旧是许多人的思维特征，也是中华传统文化的糟粕在观念形态上的一大表现，它与现代社会的发展是背道而驰的。对一个民族、一个国家而言，最宝贵的财富是创新精神，这远比物质财富要重要得多。如果墨守成规，失去了创新精神，再丰富的物质也会匮乏，社会也会停滞不前。整个社会是如此，个人的致富也不例外。许多人并不缺乏勤奋，也不缺乏知识，但却一事无成，其原因就在于缺乏创新精神。而那些成功的人，则敢于突破常规，大胆创新。如美国人发明了不用针线而借高频超声波振动缝合衣服的缝纫机，日本人发明了不用胶卷而用磁盘的数码照相机，英国人生产出了不用弹簧而用一种液体的沙发，一些国家推出了不用交流电而用太阳能做动力的冰箱，这都是打破常规的结果。

几年前搬运预铸房屋的组装零件时用的是卡车，到达工地后，司机不是待在那里无所事事，就是驾驶空车子回来，再派起重机车前往工地从事作业。对此，所有的人都司空见惯，没有想到应该改变这种非常不合理的状况。但是，日本产业输送开发公司的白井董事长却认为这种作业方式非常浪费时间和人力。为此，他想："卡车并不只是为搬运东西而存在的，卡车是要直接参加作业的。"然后，他就集中精力去研究，终于做出卡车和起重机两用的"超长车身起重卡车"。这种车子可搬运货物，同时可举起超重的东西，一身二用，能节省司机、工人和时间。

有一个外国故事，说的是一个国王没有儿女，却喜爱食物和才智。他作出这样的许诺，不管是谁，若是能够制造出同时既热又冷的最美味食品，他就把他的王位继承权转交给他。绝大多数人都被这个明显的悖论所难倒。而有一位肯动脑筋的人最终获胜，不但得到了挑剔的国王的赞赏，也获得了王位。他所创造出来的食品就是我们现在许多人都爱吃的热奶油巧克力冰激凌。只有敢于打破常规、具备丰富的创造力和想象力的人，才能赢得这个王位。这个故事再一次证明，只要你能不受传统想法的约束，多动脑筋，就必定会有意想不到的收获。

创意是成功的种子

任何人在一生中都会产生许多好的创意，关键是有的人对此极为麻木，没有意识到其价值。前科技部长朱丽兰女士曾经说过一句颇有震撼力的话："我们拒绝平庸，宁做旷野里呼啸的狼，也不要做

马戏团的老虎。没有创意，就去死吧！"

把创意说得如此重要，那么，什么是创意呢？它到底有什么神功绝技？民间故事"钉子汤"给了我们一个形象的解释：一个暴风雪之日，又冷又饿的阿凡提敲响了财主家的门。"滚开！"仆人说，"不要来打搅我们。"阿凡提说："只要让我进去，烤烤火，暖暖身子就行了。"仆人勉强同意了。这时，财主家正准备做饭。阿凡提感到饿得难以支撑，就对厨师说："我会用钉子做汤，想不想学？""用钉子做汤？"厨师大感惊异，怀着极大的兴趣，要求阿凡提赶快示范一下。阿凡提要了一根钉子，洗净后放进锅里。"必须放点盐，味道才正宗。""要是能加点油味道会更好。"在阿凡提的要求下，包括肉末在内的所有做汤常用的原料纷纷加入锅里。自然，阿凡提只是美美地喝了两大碗肉汤，根本不去理会那根钉子。如果阿凡提直接提出要喝肉汤，或者做肉汤，不但达不到目的，而且还会被赶出去。是用"钉子"为幌子的大胆设想，或者说"钉子汤"的新颖思想，使阿凡提解决了寒冷和饥饿。这就是一种创意，它往往能使你摆脱困境，圆满地完成计划。

我们知道，一首好歌要有一个好旋律，一部小说要有一个好主题，一幅好画要有一个好构思，而我们追求成功，也需要一个好的创意。许多人只知道没日没夜地勤奋，只注重流血流汗地苦干，其结果连温饱问题都难以解决，更谈不上什么事业的成功了。如果我们不吸取他们的教训，不激发自己的创新意识，不发掘自己的创新能力，在科学技术日益发达、市场竞争日益激烈的现代社会便难有立足之地，更谈不上会有什么大的成就。

创意的价值取决于创造财富的多少，因此，有的创意其价值几乎成天价。想出把耐高温树脂卖给美国太空总署作为太空船外壳材料的酬劳是350万美元，想出把可口可乐瓶子卖给可口可乐公司的

酬劳是 300 万美元，而至今世界上最高酬劳的创意，代价是 3 000 万美元！其买方是制造罐头的世界性厂商通用食品公司，卖方则是美国的皮革商人巴柴。

巴柴的新创意是从钓鱼上得到的灵感。在 20 世纪 20 年代初的几年，巴柴每年冬天都和一些朋友到冰封的纽芬兰海岸去钓鱼，每次都能钓很多，钓上来的鱼放在冰上立即就会冰冻起来。因为一次吃不完，巴柴就把多余的鱼带回家。几天后，当他要吃带回家的鱼时发现，如果鱼身上的冰不融化，即使经过几天，鱼的味道也不会变。于是，他再进一步试验肉和蔬菜冰冻的结果。他发现，竟也跟冷冻鱼一样能保持新鲜。后来，他又锲而不舍地反复实验，进一步得知，食物冰冻的速度和方法不同，会使冷冻后的味道和新鲜度产生少许的差异。如果冰冻得不好，就会失去原来的味道和新鲜度。经过几个月的摸索后，他终于研究成功不会失去原来新鲜度的冰冻方法。

1923 年 8 月，巴柴把自己无意中"捡"来的发明拿到专利局申请"冷冻法"专利，然后卖给美国通用食品公司，以 3 000 万美元成交。要知道，当时的 3 000 万美元比现在的 3 亿美元还值钱呢！结果，巴柴在短短几个月内成了大富豪。

冬天在冰封的海边钓鱼的人多的是，他们钓起来的鱼也是很快就冰冻了，但谁也没有对这种司空见惯的现象引起注意，更不用说思考了。只有巴柴从中找到了冰冻法的创意，也只有他能因此而一举成为富豪。这就是创意的神奇所在，也是创意的魅力所在。

英国人威廉姆斯曾因全新的创意引起轰动。1980 年，他创作出版了一本名为《化装舞会》的儿童读物。为了扩大销售量，吸引读者，他在书中要求小读者根据书中的文字和图画猜出一件"宝物"——一枚制作极为精巧、价格昂贵的金质野兔的埋藏地点。结果，两年中，《化装舞会》销售了 200 多万册。

　　1984 年，经过精心构思，威廉姆斯再出新招，写了一本仅 30 页的小册子，内容是关于一个养蜂者和描述一年 4 个季节的变化，并附有 16 幅精致的彩色插图。书中的文字和幻想式的图画包含着一个深奥的谜语，那就是该书的名字。此书于 1984 年 5 月 25 日同时在 7 个国家发行。这是一本独特的、没有书名的书。作者要求不分国籍的读者猜出该书的名字，猜书名的办法与众不同，不是用文字写出来，而是要将自己的意思，通过绘画、雕塑、歌曲、纺织物或烘烤烙饼的形状，甚至编入电脑程序的方式暗示书名，威廉姆斯则从读者寄来的各种实物中悟出其要传递的信息，再将其转译成文字。不到一年，该书即发行数百万册，威廉姆斯又是大获成功。

　　从这些例子里可以看出，所谓创意就是开拓思路，不断创造新点子，从而出奇制胜，获得意外的成功和收获。有人说，生意人就是一些"生出主意的人"。同样，成功者应该是会"开发创意的人"，也应该是"创造奇迹的人"。创意并非都属一流，奇迹也并非统统都能实现。即便如此，仍应鼓励自己和别人大胆推出与众不同的好创意。"美国氢弹之父"泰勒几乎每天有十个新想法，其中可能九个半不正确。然而，他就是靠许多"半个正确"的创意，不断创造成功的奇迹。

创新的意念是立业之母

　　正因为有创新的意念，才使得我们的生活如此丰富多彩。有人说，我也知道要有好的创意和好的构想，但就是没有这方面的灵感。固然，创意的形成需要一定的眼光、一定的学识、一定的能力，但

这些并不是起决定作用的因素。真正起关键作用的，是要有创新的意念。也就是说，你要时时刻刻有创新的思想、有创新的意识。这样一来，你看事物的眼光便会特别敏锐，你处理问题的思维便会特别活跃。一旦条件成熟，好的创意便会呱呱落地。套用一句名言，则是"好的创意只属于有创新意念的头脑"。

可口可乐的发明，便是创新意念的结晶。

1886 年春天，在美国乔治亚州的亚特兰大市的一间小药店里，从瞌睡中猛醒过来的小店员正在接待一位头痛患者。他要求买这家药店老板兼业余药剂师约翰·潘伯顿调制的专治头痛药水。这种药水是潘伯顿经过无数次试验，最后以古柯树叶和柯拉树籽做基本原料制成的一种有一定疗效的健脑药汁。潘伯顿把它称为可口可乐，即古柯和柯拉的谐音。古柯树叶和柯拉树籽均有兴奋作用，常被南北美洲印第安人和西非人用做消除疲劳、振奋精神之物。

当小店员去取可口可乐药水时，发现已卖光了。他从小就在药店里工作，对药物有一定的知识。为了应付病人，便拿起一瓶治头痛的药，与苏打水糖浆混在一起，倒了一杯给病人。病人深深呷了一口，禁不住连声叫好。

过一会儿后，一位顾客来问道："将方才那位病人喝的头痛药水卖我一杯。"小店员准备再如法炮制时，却忘掉了刚才所用的药。在心慌意乱中，愈加紧张了，顾客见此状而生气。老板潘伯顿闻声从店里赶到柜台边，询问发生了什么事。小店员不敢说自己瞌睡中发生的那段事，只得谎称这位顾客要买可口可乐药水，但这种药水已经没有了，所以顾客吵闹。

当潘伯顿配好可口可乐药水交给顾客时，那人竟说受骗了。他说，刚才那个病人喝的药水是紫红色的，为什么现在这种药水变成白色了？顾客这一质问顿时使潘伯顿莫名其妙，他不得不追问自己

的小伙计是怎么一回事，小店员只得如实地把经过说了一遍。

潘伯顿本来也想痛骂小店员一顿，但他没有这样做。潘伯顿之所以没有简单地责骂小店员，是因为他时时刻刻保持着强烈的创新意识。此时，他的脑海里便浮现出一个创新的意念：为什么紫红色的药水特别受欢迎？刚才小伙计乱配的药水有什么特效呢？潘伯顿立即对小店员那种乱配的药水进行分析研究。经过反复试验，他很快就在他原来调配的可口可乐药水的基础上，吸取了小店员那一"乱配"药的成分，调配成当今流行全球的紫红色的可口可乐饮料。可口可乐实质上是由几种物质混合而成的，即由糖、碳酸水、焦糖、咖啡因和"失去效能"的古柯叶及椰子果等调配的，它有清凉可口、提神解渴的作用。

谁也没有想到，一个小店员的漫不经心的失误，会导致一项重大发明的诞生，潘伯顿因此发了大财，他在 1887 年就销售了 1 049 加仑。潘伯顿去世前，把可口可乐的专利卖给别人，从中获得专利费 2 300 万美元。大家可以想象，100 多年前的 2 300 万美元，相比今天的美元值，可以说是一个天文数字。有人说，潘伯顿是偶然致富的。但是，如果潘伯顿没有强烈的创新意念与意识，他会发明可口可乐吗？

潘伯顿的一项创新，创造了当今世界上最大的饮料产业。现在，可口可乐仍像"魔水"一般风靡全球。世界上近 200 个国家和地区，每天要喝下 3 亿多瓶可口可乐，不仅为一任接一任的可口可乐公司老板带来巨大的财富，而且也使许许多多的经销商、生产商、广告商、运输商以及配套生产可口可乐瓶的生产企业赚足了钞票。

正因为有创新的意念，才使得我们的生活如此丰富多彩。比如，摩天大楼是用砖和钢筋水泥所建造的，但砖等材料是死的，它们本身不可能堆积起来成为一种伟大的形象，而是要靠工程师的思想和

创意。有的石碑之所以能成为国宝，并不是石头本身有何重大价值，而是因为碑上所雕刻的字体和含义。可以说，在现代社会里，人们之所以重视物质方面的享受，那是因为有无数创新意念的人，给物质赋予了新的生命、新的价值。一台电视机，它的原材料只不过是一些普通的金属而已，没有人会重视它们。可是，经过那些富有创新意念的人们不断地研究设计，把它们凑拢起来，成为能够显示影像的东西，身价就迥然不同了。

社会如果没有创新的意念就会平淡无奇，甚至停滞不前。个人如果没有创新的意念就会因循守旧，无所进取。因此，对于每一个渴望成功的人来说，认真培养自己的创新意念，是至关重要的一项内容。

创意就是财富

有时候，成功的要素也就是"不按常理出牌"的创意罢了。你应该仔细考虑，如果情况许可的话，不妨更改一下成功这条金科玉律的内容，加上一些特殊的成分，比如乐观、热心、礼貌和积极的想法。于是，你的创意很可能出乎竞争对手的意料，让你拥有更多的胜算。

人们为了获得对尚未认识的事物的了解，总要探索前人没有运用过的思维方法，寻求没有先例的办法和措施去分析认识事物，从而获得新的认识方法。

在实践过程中，运用创新性思维提出的一个又一个新的观念，形成的一种又一种新的理论，做出的一次又一次新的发明和创造，

都将不断地增加人类的知识总量，丰富人类的知识宝库，使人类去认识越来越多的事物，为人类实现由"必然王国"向"自由王国"和"幸福乐园"的飞跃创造必要的条件。

提到创新，有些人总是觉得神秘，似乎只有极少数人才能办到。其实，创新有大小之分，内容和形式也各不相同。创新活动已经不仅是科学家、发明家的事，它已经深入到普通人的生活中，很多人都可以进行创新性的活动，生活、工作的各个方面都可以迸发出创造的火花。人们事业上新的追求、新的理想、新的目标会不断产生，在为新的事业的创造奋斗中，实现了这些新的追求、理想、目标，就会产生新的幸福。创新是永无止境的，人类的幸福是没有终点的，人类幸福的实现是一个不断发展、不断创造的过程。世界上因创新而获得成功的人简直不胜枚举。1958年，伊夫·洛列从一位年迈女医师那里得到了一种专治痔疮的特效药膏秘方。这个秘方令他产生了浓厚的兴趣。于是，他根据这个药方，研制出一种植物香脂，并开始挨门挨户地去推销这种产品。

有一天，洛列灵机一动：何不在《这儿是巴黎》杂志上刊登一则商品广告呢？如果在广告上附上邮购优惠单，说不定会有效地促销产品。

这一大胆尝试让洛列获得了意想不到的成功。当他的朋友还在为巨额广告投资惴惴不安时，他的产品却开始在巴黎畅销起来。原以为会打水漂的广告费用与其获得的巨额利润相比，显得"轻"如鸿毛。当时，人们认为生产用植物和花卉制造的美容产品毫无前途，几乎没有人愿意在这方面投入资金。洛列却反其道而行之，对此产生了一种奇特的迷恋之情。

1960年，洛列开始小批量地生产美容霜，他独创的邮购销售方式又让他获得巨大成功。在极短的时间内，洛列通过这种销售方式，

顺利地推销了 70 多万瓶美容产品。如果说用植物制造美容产品是洛列的一种尝试，那么，采用邮购的销售方式，则是他的另一种创新。

时至今日，邮购商品已不足为奇了。但在当时，这却是前所未有的行为。1969 年，洛列创办了他的第一家工厂，并在巴黎的奥斯曼大街开设了他的第一家商店，开始大量生产和销售美容品。他对他的职员说："我们的每一位女顾客都是皇后，她们应该获得像皇后那样的服务。"为了实现这个宗旨，他打破销售学的一切常规，采用了邮购销售化妆品的方式。公司收到邮购单后，几天之内即把商品邮给买主，同时赠送一件礼品和一封建议信，并附带制造商和蔼可亲的笑容，邮购销售额几乎占全部营业额的 50%。他的邮购手续很简单，顾客只需提供地址便可加入"洛列美容俱乐部"，并能很快收到样品、价格表和使用说明书。这种经营方式对那些工作繁忙或离商业区较远的妇女来说无疑是非常理想的。如今，通过邮购方式从洛列俱乐部获取口红、描眉膏、唇膏、洗澡香波和美容护肤霜的妇女已高达 6 亿人次。这种优质服务给公司带来了丰硕的成果，公司每年寄出邮包达 900 万件，平均每天 3~5 万件。1985 年，公司的销售额和利润增长了 30%，营业额超过了 25 亿美元，国外的销售额超过了法国境内的销售额。

如今，伊夫·洛列已经拥有 400 余种美容系列产品和 800 多万名忠实的女顾客。他的经历正好印证了金克拉的话："如果你想迅速致富，你最好去找一条终南捷径，而不要在摩肩接踵的人流中去拥挤。"

第九章 时间法则：时间是成功的"护身符"

利用好时间

拿破仑·希尔曾说过，能好好地利用时间是很重要的。每天24小时，如果不能认真计划一下，一定会无缘无故地浪费掉。时间会跑得不见踪影，人们什么也得不到。

从做过的事可以得出经验，怎样分配时间对于成功和失败起着决定性的作用。人们经常这样以为，在这浪费几分钟，在那消耗几小时没什么关系。但是，它们却有很大作用。这种差别对于时间来说显得很微妙，要经过很多年才能让人们觉察出来。可有的时候，这种差别也是显而易见的。

时间是你自己可以握在手中的最宝贵的财富，请合理地安排时间，不要平白无故地在无聊的事上消耗一分一秒，千万别忘了不珍惜时间就相当于不珍惜自己的生命。

时间的一个显著特点就是不能挽回不可逆转也不可能贮存，它是一种永远不会再生的与众不同的资源。所以，拿破仑·希尔这样说："一切节约归根到底都是时间的节约。"

时间相对于每一个人、每一件事都是毫不留情的，它可以被肆无忌惮地消耗掉，当然也一定可以被很好地利用起来。很好地运用时间就是效率的问题，换句话说，在单位时间里对时间的利用价值就是效率。有限的时间一点一滴地累积成人的生命，假设以 80 岁的年纪来计划一个人的一生的话，大概就有 70 万个小时。在这之中，人们可以精力充沛地进行活动的时间仅仅只有 40 年，相当于 15 000 个工作日，36 万个小时，减去吃饭睡觉的时间，大约还可以有 20 万个小时的工作时间。我们在这些有限的时间里最大限度地发挥作用，就能体现生命的有效价值。最大限度地增加这段时间里的工作效率，就相当于延长了你的寿命。很明显，"效率就是生命"，这是不容置疑的。

美国麻省理工学院对 3 000 名经理作了调查研究，结果发现：凡是成绩优异的经理都可以做到非常合理地利用时间，让时间的消耗降低到最低限度。《有效的管理者》一书的作者杜拉克说："认识你的时间，是每个人只要肯做就能做到的，这是每一个人能够走向成功的必由之路。"

千万不要平均分配时间。应该把你的有限的时间集中到处理最重要的事情上，不可以每一样工作都去做，要机智而勇敢地拒绝不必要的事和次要的事。一件事情发生了，就不能消极地对待，一开始就要问问："这件事情到底值不值得去做？"千万不能碰到什么事都做，更不可以因为"反正我没闲着，没有偷懒"就心安理得。

每一个机会都是引起事情转折的关键时刻，有效地抓住时机可以牵动全局，用最小的代价取得最大的成功，促使事物的转变，推动事情向前发展。对于一个取得成功的人来说，存在着两种时间：一种是可以由自己控制的时间，我们叫做"自由时间"；另一种是属于对他人他事做出反应的时间，不由自己支配，叫做"应对时间"。

这两种时间都是客观存在的。如果没有"自由时间"，完完全全

处于被动状态，不会自己支配时间，就不是一名有效的领导者。可是，要想绝对控制自己的时间在客观上也是不可能的。没有"应对时间"，都想变为"自由时间"，实际上也就侵犯了别人的时间。这是因为，每一个人的完全自由必然会造成他人的不自由。

时间不可能集中，常常会出现许多零碎的时间。要珍惜并且充分利用大大小小的零散时间，把零散时间用去做零碎的工作，从而最大限度地提高工作效率。

我们召开会议是为了沟通信息、讨论问题、安排工作、协调意见、做出决定，很好地运用会议的时间，就可以使工作效率提高，节约大家的时间，运用得不好，则会降低工作效率，浪费大家的时间。

安排好时间

时间是成功的"护身符"。20几岁的年轻人必须合理地安排好自己的时间，就算有再多再忙的事情也不应让自己手忙脚乱。所以，从现在开始，给自己制订一个合理的时间表吧！

1. 善待时间

重要的事情什么时候做最合适？生理学家克莱特曼医生的研究显示，人的正常体温在一天之中的变化差为1.65℃。体温变化的模式会影响你的工作效率、精神集中程度及心理状态。

人在早上的后半段和傍晚的中段神志最清醒。下午两三点钟是工作效率的"低谷"。体温在下午6点钟到8点钟达到高峰之后，很多人会精神减退。

用工作效率最高的时间去处理困难的事情或者从事创意思考，用工作效率低的时间来看报、整理档案、打扫或清理信件，配合自己的精神状态去工作，可以事半功倍。

2．做好前期准备

你开车去不熟悉的地方，会不会先不问路或不带地图？时间管理专家认为，每次花少许时间去预先计划，会收效显著。事先花20分钟筹划，稍后就不必花一个钟头去想该做些什么事。《生活安排五日通》的作者赫德莉柯说："不要把所有活动都记在脑袋里，应把要做的事写下来，让脑子做更有创意的事情。"

每天都列一张工作清单。按照轻重程度给它们排列次序。要是事情较多，就把最迫切的列为"甲"类，次要的是"乙"类，再其次是"丙"类，或者用不同颜色来区分。

3．分清轻重缓急

挑出重要的文件，加以分类"处理""阅读"及"存档"。把"处理"的一部分放在显眼的地方，其余两部分则放在一旁。只把主要的文件放在办公桌上，你就可以避免因分心而浪费时间。

4．学会拒绝

多数人喜欢说他们办公室的门是永远敞开的。然而，如果每个不速之客都接待，你也许根本就办不成什么事。

应该找些委婉的方式保护自己，避免突如其来的干扰。公共关系专家列维把他的开门政策稍加变化——让门半掩着。这意义很清楚：他其实不想让你进去，如果真的有急事也可以马上进来。应付不速之客的另一个办法是：告诉对方你事务繁杂，向他道歉，然后请他在你不忙或工作效率较低的时间再来。

5．减少干扰

电话最能帮助我们节省时间，也最能浪费我们的时间。《时间管

理新法》一书的作者麦肯齐说，想把长篇大论的来电挂断可以预先订个时限，然后用"大致上就是这样了……"之类的话暗示交谈应该结束了。

打电话之前，一定要弄清楚打电话的用意。如果你要谈好几件事，就先记下来，然后照着谈。忙碌的人会希望你直截了当。如果不想让自己打出的电话不受欢迎，就要记下你打电话的对象什么时候最不忙，更好的办法是先约定时间再打重要的电话。

6. 不要空等

如果知道等候是不可避免的，可以随身带些阅读的材料，如在公事包或者文件夹里放些文件、报告、刊物或剪报。

7. 稍作整休

尽量利用时间并不等于每一刻都埋头苦干。做日常工作之际稍作休息，可以帮助你稍后做得更快更好。中午打个盹就可以恢复体力。运动一下也可以让头脑清醒，身体放松。就算只是交替做深浅呼吸 10 分钟，也有松弛身心的作用，令你精神焕发。

其实，只要善于运用时间，你也就离成功不远了。

管理好时间

时间如同金钱，越是懂得利用的人，越能感觉到它的价值；越是贫穷的人，越能感觉到它的可贵。问题是当我们富有时，往往不知如何利用而任意挥霍，真正需求的时候，却已经所剩无几了。

管理学大师彼得·杜拉克曾说过："不能管理时间，便什么也不能管理。时间是世界上最短缺的资源，除非严加管理，否则就会一

事无成。"

时间管理学研究者们发现，人们的时间往往是这样被偷走的：

1．找东西

据对美国200家大公司职员做的调查表明，公司职员每年都要把6周时间浪费在寻找乱放的东西上面。这意味着，他们每年要损失10%的时间。对付这个"时间窃贼"，有一条最好的原则：不用的东西就扔掉，不扔掉的东西分类保管好。

2．懒惰

对付这个"时间窃贼"要做到：

（1）使用日程安排簿。

（2）在离家远的地方工作。

（3）及早开始。

3．时断时续

研究发现，造成公司职员浪费时间最多的是干活时断时续。因为重新工作时，这位职员需要花时间调整大脑活动及注意力才能在停顿的地方接着干下去。

4．悔恨或空想

老是想着过去犯过的错误和失去的机会，唏嘘不已，或者空想未来，这两种心境都是特别浪费时间的。

5．拖拖拉拉

这种人花许多时间考虑要做的事，担心这个担心那个，找借口推迟行动，又为没有完成任务而悔恨。在这段时间里，其实他们本来可以完成任务并且转入下一个工作的。

6．匆忙行事，缺乏理解

这种人与拖拉作风正好相反，他们没有对一个问题理解透就匆忙行动，以至于需要从头再来。这种人必须做的是培养自己的自制力。

7. 分不清轻重缓急

即使避免了上述大多数问题，如果分不清轻重缓急，也达不到应有的效果。

许多人在处理日常事务时，认为每个任务都是一样的。只要时间被工作填得满满的，他们就会很高兴。或者，他们愿意做表面上看来有趣的事情，而不理会不那么有趣的事情。他们完全不知道怎样把人生的任务和责任按轻重排队，确定主次。因此，在确定每一天具体做什么之前，要问自己三个问题。

（1）我需要做什么？——明确那些非做不可，又必须自己亲自做的事情。

（2）什么能给我最高回报？——人们应该把时间和精力集中在能给自己最高回报的事情上。

（3）什么能给我们最大的满足感？——在能给自己带来最高回报的事情中，优先安排能给自己带来满足感和快乐的事情。

随时警惕你的"时间窃贼"，切记珍惜时间就是珍惜生命。时间是生命的本钱，一个人浪费了时间就是浪费掉了自己的生命。时间来也匆匆，去也匆匆。要想使自己在35岁之前成功，就应该珍惜在这个阶段属于自己的短暂的时间。

计划好时间

善于为时间做预算是管理时间的重要战略，是时间运筹的第一步。成功目标是管理时间的先导和根据。你应以明确的目标为轴心，在20几岁时对时间做出规划并排出完成目标的步骤。

许多人都把成为一个企业管理的行家作为成功的标志。如果你也是其中一员的话，就须先安排相关基础知识的学习时间、社会实践的时间。你需要计划一下，完成一门课程需花多长时间，什么时候进入管理实践，向内行学习。

确立计划，也包括对"预算"的检查督促。你要经常检查某一短期目标，是否如期实现。我们也可以通过记工作日志，将完成每件事所花的时间准确记录下来。

有的人似乎一天到晚都很忙，并且常常加班，为何非要加班不可呢？那多半是由工作管理拙劣所致，避免加班的关键在于日程表的拟订。总之，拟订周期日程表是一件非常重要的事。

我们可以尝试拟订日程表，让自己的工作行程、同事的活动、上司的预定计划、公司的整体动向等事情一目了然。

由于自己的工作并非完全孤立，所以必须将它定位在所属部门的课题、公司整体的课题乃至各界的动向上，方能加以掌握管理。

只要尝试拟订日程表，原本凌乱不堪的各种预定计划，就会显得条理井然起来。

只要拟订行程表，设定进修时间、休闲时间、与家人沟通的时间，自己和家人都将因此取得默契、步调一致。此外，通过与家人的沟通了解，不但可以减轻日常生活的紧张压力，而且能够涌现出新的活力。

先忧后乐乃是时间计划的基本原则。

好好地和大家一起共享，这种个人时间管理模式，可有效避免和家人发生冲突摩擦。

让我们来看一个具体的周末假日行程表。

首先，所谓周末假日，究竟是从什么时候开始到什么时候结束呢？

　　一般的看法是从周六早上到周日晚间为止。不过，如果想要利用周末假日，充分争取时间从事自我启发的话，这样做是不可行的。

　　所谓周末假日，是从周五晚间到周一早上为止的时间。如此解释的话，就有将近三天的假期可资运用，不妨将它当做一个整体时段来加以掌握。

　　倘若这种理念成立的话，周五晚间的度过方法就变得十分重要。譬如周五晚间痛饮迟归，连带地将使得周六起床之际已是中午时分。

　　周六和周日，基本上还是应该早起。如果失之严苛的话，恐有难以持续之虞。因此，不妨稍微放松，比平日晚起一两个小时也没关系。尽可能以和家人一起共用早餐为宜。

　　其次，要将周六、周日的上午定为主要进修时间，不足的部分排入周六、周日的晚间。周日晚间不排计划只管就寝的话，周一早上提早起床也可以。总而言之，周末假日行程的成败与否，要依周五晚间度过方法而定。

　　基本上，周末假日要将工作暂且抛置脑后，好好地调剂身心才是提高工作效率的良方。不过，有件事情非常重要，就是必须为下周一开始的工作预作心理准备。这一点造成的巨大差异会在你事后的工作上面表现出来。

　　如果等到下周早上再来订立下周的进修行程表，事实上已经太迟了。本周日晚间才是思考订下下周行程表的绝佳时机。

第十章　金钱法则：树立正确的金钱观

树立正确的金钱观

观念会左右人的行为。想在 20 几岁时做成功人士，必须拥有正确的金钱观。树立正确的金钱观，定会让你有所收获。

时代在发展，社会在变迁，不同的时代、不同的社会对成功也有不同的定义。但是，只要人类存在，成功者就有存在的意义——成功者必须顶天立地，挣大钱、干大事。只是，社会的进步对成功者提出了更高的要求。

为什么有些人一辈子为金钱焦虑？为什么有的人在黄土地上耕种了一辈子，到头来还不能解决自己的温饱问题？为什么有的人挣到的钱总比他应该或能够挣到的少？为什么有的人总是担心损失金钱而害怕投资？

下面，我们对几组关系进行比较。

1. 资产与负债

想在 20 几岁时成功的人士必须对自己资产和负债状况有一个清晰的认识，这样的人才有可能成为成功的创业者。我们可以把资产

和负债放在一个更广阔的背景里去思考，赋予它更多的内涵和外延，如情感、健康、心态、道德、社会责任等。总之，要把自己放在一个比较宽松的环境中去创造更多的财富。

2. 职业与事业

（1）你的职业通常是为别人打工，也就是为金钱工作。换句话说，你正在关注别人的事业，你的事业与你的职业是完全不同的。关注你的事业不是最重要的。

（2）你的事业是你不需要到场也能给你带来现金，你的职业是你必须亲自去做，并因此换取报酬的工作。

（3）不知道事业与职业的区别是你财务知识贫乏的具体表现之一。

3. 投资与消费

（1）投资与消费是财富增加和减少的重要方面。穷者的消费是财富减少，而富者则往往把消费变成一种投资。

（2）投资和消费是可以转换的，有时富人的消费反而是一种投资，而穷者的投资则变成了一种消费。

（3）穷者对微小的消费也斤斤计较，这是对金钱恐惧的一种表现。而富人敢于大胆地、合理地消费，因为他们懂得转化。

4. 梦想与手段

（1）梦想是成功的第一步，但如果人有梦想而欠缺手段，那所有的梦想都只能是幻想、空想或妄想。

（2）手段的重要性是显而易见的，但所有的手段都必须依托于正确的思想，才能结出善意的硕果。每个人都有梦想，但许多人在现实之中无法实现自己的梦想，更多的人则是缺乏实现梦想的手段。要想过河，必须具备桥、船、飞机等交通工具，否则，"过河"只能是一种美好的空想。

5. 赚钱之道在于积累

不少人都有这样的愿望，总梦想自己有朝一日能财源滚滚而来，潇洒地做一回大老板。但大多数人终其一生，却难以梦想成真。这是什么原因呢？因为有些人赚钱太心急，小钱不想赚只想赚大钱，不懂得小溪汇集在一起能积聚成大海的道理。

日本明治时代有名的船舶大王河村瑞贤，年轻时好长一段日子都无所事事。后来生活日见拮据，他想："我不能这样贫穷下去，应该干一番事业。"于是，他拿出少许钱给乞丐，叫他们到处去拾人家丢掉的生菜，然后卖给贫穷的劳工们。当他开始做这项生意时，不少人讥笑他、讽刺他，甚至有的朋友拒绝与他来往。而河村根本不在乎这些，他拼命地干，认定这些"小钱"是他事业的全部基础。没过几年，河村又投资船舶业，成了著名的船舶大王。

有一个外省来的补鞋匠，从几毛钱缝缝补补做起，年纯收入竟达数万元。这不起眼的生意，虽然挣的都是小钱，却可积少成多。

正是由于他们这种细致、认真，不耻于赚"小钱"的做法，使他们日后财源滚滚。这对我们来说，确实很有借鉴作用。如果我们抓住身边的小钱，不让赚钱的机会从身边溜走，莫以利大而为之、莫以利小而不为，由小钱到大钱，终有一天你也会拥有大钱的。

养成储蓄的习惯

拿破仑·希尔说：存钱对于所有的人而言，都是成功的基本条件之一。但是，那些未存钱的人最关心的是：我应该如何去存钱呢？

养成储蓄的习惯，并不会限制你赚钱的才能。而是相反，这项

法则被你应用后，不仅你赚得的钱都很好地存起来，而且会给你提供更广泛的机会，你的观察力、自信心、想象力也会因此而大增。

债务被人们称为无情的主人。贫穷的力量足以将一切自信心、进取心和希望一举毁灭，如果再加上一个债务，那么，任何人都将生活在一片昏暗的天空下。

身上负有债务的人，很难将事情处理得很完美，也很难得到人们的尊重。因此，许多生命中的远大目标也就无从实现了。

拿破仑·希尔有位月收入为 1.2 万美元的朋友，他的妻子喜欢社交活动，经常冒充收入 2 万美元的家庭。结果，他们每月不得不透支 8 000 美元。他的孩子也将乱花钱的习惯从母亲那继承过来。现在，孩子该上大学了，但由于家庭的债务很重，读大学已成为希望渺茫的事，子女与父亲的争吵也就不在话下了，整个家庭都处于一种激烈的内战状态。

许多年轻人在走进婚姻的殿堂前就背上了沉重的债务包袱，并且，他们对怎样解除它并没有充分的考虑。当新婚的甜蜜感消失后，夫妻二人就会受到物质贫乏的冲击。这种感觉不断增大，最常见的结果就是二人只好分手。

背负一身债务的人，肯定不会有一份好心情致力于他的理想和志愿。结果，随着时间的消逝，在意识中开始产生了对自己种种限制的思想，使自己被恐惧和怀疑的高墙所困住，永远也难以破墙而出。

"仔细想想，你的家人和你是否欠了他人的东西。然后，决心将所有欠的东西都还清。"这是一条非常诚恳的建议。许多人就有过这样的经历，很多很棒的机会就因为债务而白白地溜走了。

很少被债务缠身的人往往能清醒地面对自己的现实。而对于负债的人来说，那些债务就如同泥浆一般，让受害者一步步地陷入沼泽。

如果一个人要想改变负债的状况，又要摆脱对贫穷的恐惧，他应该如此：

（1）把借钱购物的习惯改掉。

（2）把所有的债务都还清。

在解除债务的后顾之忧后，你的意识习惯就会得到改变，你就会逐步走上成功之路。你要把固定收入按比例存到银行，哪怕是每天只存一元钱，贵在坚持。不久之后，你将体会到储蓄的乐趣。

假如习惯是建立在一个已熟悉的模式之上，那么最初的习惯必须停止。"花钱"的习惯必须用"储蓄"的习惯来代替，才能争取财政上的独立自主。

仅仅中止一种不良习惯还是不行的，因为你不知道它还会在什么时候出现，除非它在你的思想意识中彻底消除。

假如你一直渴望在经济方面获得自主权，而贫穷也被你克服，并且用储蓄的习惯取代了它，那么积累起一大笔财富也并非什么难事。

这条真理可以称之为"冷酷"：一个人在物欲横流的社会里，就如一粒随时都可能被风吹走的沙子，除非他能躲在金钱之后。

对天才而言，他的天分可以给他提供许多机会。但事实上，如果没有钱帮助他展现天赋，所谓的天才只是一个空洞的称谓而已。

爱迪生是世界上最受人尊重的发明家之一，但假如他没有节俭的习惯，也没有高超的存钱能力，也许没有人会注意到他，世界上也许就会少了一位天才的发明家。俗话说："人不理财，财不理你。"如何有效地利用每一分钱？如何及时地把握每一个投资机会？理财的要诀就是开源和节流。所谓开源，便是争取资金收入；所谓节流，便是计划消费，预算开支。成功的理财可以增加收入，减少不必要的支出，改善个人或家庭的生活水平，从而使你走上富裕的道路。而利用理财致富又是人人办得到的，也是人人应该做的。

勤劳才能致富

如果我们一生都勤奋努力，我们就不会忍饥挨饿。这正如穷理查德所说，饥饿朝勤劳者的房屋里看了看，却根本不敢入内。

穷理查德说，任何珍宝，任何与富有者的结交，都无法遗留给你精神财富。勤劳是好运之母，上帝愿把一切赐予勤劳者。有了辛勤的耕耘，便会有日后的累累硕果。穷理查德指出，一鸟在手胜过两鸟在林，一个今天强于两个明天。如果你打算干一番大事业的话，就不要再拖到明天，你应当从今天做起，从现在做起。穷理查德说，当你做一个仆人时，被主人抓住你偷懒，你难道不感觉羞愧吗？当你作自己的主人时，你是否为发现自己好逸恶劳而愧疚万分呢？当有那么多事情需要你为你自己、为你的家庭、为你的国家去做的时候，你就需要只争朝夕，不要让快要落山的太阳对你说："总见你懒洋洋地躺在那儿。"

穷理查德在他编写的年鉴中写道："要时常利用手中的工具去劳作，如果伐木工的斧子都生锈了，你可以想象他是一个多么懒惰的人。"时刻都要牢记，装在口袋里的猫，什么时候也逮不住老鼠。你的一生有许多事情等着你来做，哪怕你的身体比较柔弱，但只要你能够坚持不懈地去做，你就能够看到伟大的收效。水滴石穿，飞瀑之下必有深潭。一只老鼠靠着耐心不停地咬着缆绳，最终也能把缆

绳咬断。靠着不断地推打，人能够把一棵巨大的栎树推倒。

如果一个人真的想享受轻松自在的生活，他就应该把宝贵的时间充分利用起来。不珍惜每一分钟的人，也会白白地浪费掉一小时。真正的轻松自在，是在做一切有用的事的时候才能够体验到。勤快的人能够体验到它，而懒惰的人则永远也体验不到它。因此，我们可以十分肯定地说，轻松自在的人生和懒惰的人生，完全是两码事。说实在的，你究竟是觉得懒惰使你感到更愉快呢，还是辛勤劳作使你感到更愉快呢？你的答案肯定是后者。正如穷理查德所言，麻烦来自游手好闲。俗话说得好，心闲生余事，手闲惹是非。勤劳的人在劳动的过程中获得了真正的快乐，为社会创造了许多财宝，自然能够赢得人们的敬重，有一个理想的归宿。

树在一个地方稳稳扎根之后方可枝繁叶茂，家在一处安定下来才能兴旺富裕。常言道，搬三次家，等于失一次火。勤快地照顾好你的小店，你的小店便可了却你日常生活的后顾之忧。如果你想做生意的话，就认真地去做吧！如果你不想做的话，那就转给他人做。主人用于观察的双眼往往比用于劳动的双手起着更大的作用。

寻求他人照顾的愿望，如果强于寻求知识的愿望，我们肯定要深受其害。对雇工的所作所为视而不见，主人的钱包会永远地瘪下去。过多地相信别人、依赖别人，最终只能导致自己受制于人。因此，一个人的自我努力可让其受益无穷。穷理查德称，知识属于勤学者，财富属于勤劳者，力量属于勇敢者，天堂属于高尚者。此外，如果你想拥有一个忠实的仆人，一个你喜欢的仆人，一个令你感到十全十美的仆人，你就努力为自己服务吧！另外，穷理查德忠告人们，无论做什么都要三思而行，切忌鲁莽行事，哪怕是干一些很不起眼的小事，也应该如此。这是因为，有些时候一个小小的疏忽，足以让人追悔莫及。穷理查德曾语重心长地说："亲爱的朋友，每时

每刻都要清楚地意识到，一个人首先要勤奋，看一看那些成功者，哪一个不是兢兢业业的勤奋者呢？但还要记住，要想发家致富，要想确保我们的勤奋能够换来更大的成功，光靠勤奋还是不够的，还需要节俭。如果一个人在收获的同时，却不知道节俭，他的一生就等于一直绕着磨盘转，最终辞别于世时，其价值甚至还不如磨盘磨出的谷物碎片。在现实生活中，许多人本来积聚起不少财富，可就是由于他们不知节俭，挥霍无度，最终落得个家贫如洗的悲惨境况。"穷理查德在另外一本年鉴中写道："如果你想发家致富，就应当在考虑获得的同时不忘节俭。忘却节俭，很容易导致入不敷出。"

赚钱之道与用钱之道

金钱既可用于正道之上，也可用来犯罪，关键就看你如何利用它。在用它来满足基本的生活消费后，还可用来做一些慈善事业。

成千上万的人通过洛克菲勒家族的捐款而得到幸福。

牧师盖茨先生是老洛克菲勒最亲密的朋友。在老洛克菲勒晚年时，他不断地劝说他把钱捐给一些慈善机构。老洛克菲勒在他的建议下，把上亿美元巨款捐给了学校、医院、研究所等机构，并组成了庞大的慈善机构。老洛克菲勒虽然进行一些捐款、投资，但更吸引他的是如何赚钱，如何更好地掌握和运用赚钱这项艺术，这是他一生中最执着的动力，也是唯一的追求。

这样一来，小洛克菲勒就得到并紧紧地抓住了这次向世界行善的机会。小洛克菲勒回忆道："盖茨在此间充当了创造家和理想家，我则是一名推销员——抓住一切时机向我父亲推销的中间人。"

小洛克菲勒在老洛克菲勒心情不错的时候趁机提出各种建议，通常情况下，他父亲都会答应的。老洛克菲勒在 12 年间，把 4 亿多美元的巨款分给他的 4 大慈善机构：普通教育委员会，劳拉·斯佩尔曼·洛克菲勒纪念基金会、洛克菲勒基金会和医学研究所。

在这些机构中，小洛克菲勒就成为具体负责人。

小洛克菲勒在这些机构的董事会中，远远不仅只充当一个配角的角色。他要一边主持摸底工作，一边寻找合适的人才来管理机构。

1901 年，在慈善事业家罗伯特·奥格登的邀请下，小洛克菲勒和其余 50 名知名人士对南方的黑人学校做了一次历史性的考察。南方之行回来后，他就把建立普通教育委员会的建议通过邮信告诉了父亲。两个星期后，父亲就给他汇了 1 000 万美元过去，以后又陆续捐赠了 3 200 万美元。到 1921 年，捐款额已达到 1.29 亿美元之巨。

盖茨凭牧师的神圣灵感和商业敏锐性，在洛克菲勒基金会成立后，已经准确地预料到它即将在全世界范围内产生巨大影响。

1914 年，在社会文化和商业的背景下，盖茨计划在中国北京建立一些具有现代化水平的医院。于是，协和医学院和协和医院就在北京建立了。小洛克菲勒称这是"亚洲第一流的医院"，并亲自出席了北京的落成典礼。这两座设备先进的医院给无数中国人民带来了好处和方便。小洛克菲勒最为关注的还是慈善机构中的社会卫生局。

1909 年，卖淫问题成为纽约州长竞选的一个重头戏。被人们称之为"好好先生"的小洛克菲勒着手组建并负责一个委员会，任务是专门调查买卖娼妓的生意。

他将全部的精力都投入到他接受的任务中，全天候地忙于这些工作。一份详尽的调查报告在几个月后出台了。报告指出：应该建立一个专门委员会来解决这个问题。但这个建议被纽约市长拒绝了。于是，小洛克菲勒决定自己把这个任务承担起来。他于 1911 年投资

50 多万美元建立了社会卫生局，派出弗莱克斯纳到欧洲去考察美国与欧洲娼妓问题的区别，是该局的第一步行动。弗莱克斯纳在美国国务卿介绍信的帮助下，访遍了欧洲大城市后得出这样一个结论：把这些事情转入地下是一种可行方法之一，这样虽然不能根除，但起码能有一个隔离的效果。

他认为：如果想解决卖淫问题，就必须了解卖淫存在的环境。为了证明他的看法，该局又派人到欧洲对警方进行一次跨国的考察，结论令人们十分吃惊：美国警察对待这个问题很随意，而欧洲警察却是一丝不苟。美国警察从这次调查中受益匪浅，便进行了完善和加强的措施。洛克菲勒基金会广泛的捐赠范围，是难以计算的。人们对它的印象是：一个高效率的造福人类的超级慈善机构。事实也的确如此，美国的卫生、教育和福利事业在 20 世纪发展时，洛克菲勒家族功不可没。1937 年，美国政府的法律规定资产在 500 万美元以上的遗产征收 10% 的遗产税，第二年又把 1 000 万元及以上的遗产税增至 20%。但尽管如此，在 20 多年的时间里，小洛克菲勒还是从他父亲那里获得了 5 亿多美元的财产，这和老洛克菲勒捐给慈善机构的数目没什么差别。最后，洛克菲勒只给自己留了在股市上可以消遣消遣的 2 000 万元的股票。

小洛克菲勒继承了这笔巨额财产，一生都挥霍不完。但他从不以自己是这笔财产的主人自居，他只是把自己当成一名管家，他更愿意对得起自己的良心。他从大学毕业后近 50 年的时间里，一直是他父亲的好助手。后来，他凭自己对慈善事业的热情和宽大的胸怀，又为它投入了 8 亿多美元，用途都是按照他的想法去为人类谋福利。他说："健康的生活奥秘就是无私的给予……金钱除了能做坏事外，还能用来建设社会生活。"在他所赞助的慈善事业和基金会中，所涉及的领域是广阔而深远的，而且，每一次投资都经过仔细的考虑。

洛克菲勒家族的烙印在 20 世纪前 50 年的美国社会生活中，每一个新开辟的事业中都能找到。老洛克菲勒说："我相信，人并不是因为有了钱就能得到幸福，而真正体会到幸福只能是来自于帮助别人而得到的那种感觉。"但真正做到这一点的却是他的儿子——小洛克菲勒，对他而言，人生的职责就是一种无偿的赠予。

第十一章　自制力法则：
自制力是成功的方向盘

自制是一种美德

自制是一种美德。一个人只有先具备了自控能力，才能去控制别人。所以，如果你想在 20 几岁有所成就的话，就要培养出足够的自制力。

有一次，拿破仑·希尔在芝加哥的一个大百货公司里亲眼看到了这样一件事，说明了自制的重要性。这家公司专门开出了一个柜台，受理顾客们的抱怨。很多的女士排着长队，争着向柜台后的那位小姐诉说自己的遭遇，以及公司让人不满的地方。在这些人中，有的人说话很不讲理，甚至有的说了一些很难听的话。但是，柜台后的这位小姐一直微笑着接待这些愤怒的顾客，没有一点不耐烦的表现。她始终面带微笑，指示她们前往什么部门。她一直那么镇定而优雅，这让拿破仑·希尔感到很惊讶。

她的身后站着另外一个女郎，不断地在纸条上写点什么，递给她。原来，纸条上写的就是这些妇女抱怨的内容，只是省略了她们

尖酸刻薄的言辞。

后来，拿破仑·希尔知道，这位一直微笑着的小姐是个聋子，后面的人是她的助手。

这件事引起了拿破仑·希尔极大的兴趣。于是，他就去拜访百货公司的经理。从他那里得知，经理之所以要挑一位耳聋的女士担任公司里最重要并且最艰难的工作，是因为他没有办法找到一位有足够的自制力的人来承担这项工作。

拿破仑·希尔站在那里观察了很久，他发现这位仪态优雅的小姐的微笑，很好地安抚了这些愤怒的妇女的情绪。她们走过来时，像是愤怒的狼。可她们离开时，却像是温顺的绵羊。甚至有的人脸上还露出了羞怯的神情，因为这位年轻女士的"自制力"让她们感到羞愧。

自从看到了这个情形之后，每当遇到别人用自己难以接受的言辞批评自己时，拿破仑·希尔立刻就会想到那位女士镇静的神态。他想，也许每个人都应该有一个"心理耳罩"，需要的时候就遮住自己的耳朵。所以，拿破仑·希尔养成了一个习惯，对于自己不想听的无聊的话，他就关上耳朵，以免在听完之后徒增烦恼。人生苦短，我们还有很多有意义的事情等着去做，我们没必要对自己不喜欢的话去回击。

自制是一种难能可贵的美德。一个人只有先具备了自控能力，才能去控制别人。想准确有效地运用这条法则，最重要的一步就是学会自制，你必须学会容忍各种玩笑和惩罚，同时控制自己不要采取同样的手段。这种自制力是你掌握这个原则必须承受的锻炼。

当一个愤怒的人开始嘲笑你或辱骂你时，请记住，如果你也用同样的话反击，你的心理程度就和他在同一个水平上。就是说，实际上他控制了你。另外，如果你能控制住自己的怒火，保持镇定和沉着，可以说你是维持了正常的情绪，从而是理智的，对方就会被

你的冷静所震慑，你很容易就能控制住他。

其实，你接触的每一个人都是一面镜子，你会从中看到自己的内心。要和别人不一样，是不是需要什么特别的训练呢？对，拿破仑·希尔给你制订了一个特别的方案，这就是"自制的7C原则"。

1. 控制时间

人类可以控制不断流逝的时间。你可以把时间花在工作、学习、游戏、烦恼等种种活动上。当然，人不能控制住所有的客观条件，却能做出一个长期的计划。我们能控制住自己的时间，就能改变自己的生活。让生活变得忙碌而充实，今天一定要做完今天的事情。时间就是生命，要把握好自己的生命。

2. 控制思想

我们应该控制自己思想的活动空间。要牢记：只有在经过刺激之后，梦想才会变成现实。

3. 控制接触的对象

我们虽然不能选择自己接触的对象，但我们能选择和谁待在一起的时间，也可以结交新朋友，认识成功人士，向他们学习。

4. 控制沟通方式

我们要注意控制与人沟通的方式。请记住，说话不一定会让你学到任何东西，聆听才是最好的沟通方式。当你和别人沟通时，要注意聆听，观察和吸收，以获得对我们有价值的信息。同时，还能增进了解。

5. 控制承诺

当你选择了最有效的沟通方式，最合适的交谈对象之后，我们就有责任让它变成一种承诺，以便循序渐进地实现自己的诺言。

6. 控制目标

控制了自己的思想、交往对象和承诺之后，你就该给人生定一个长远的发展目标，这当然也就成为我们的理想。每个人都有一个崇高的理想，或者说人生的某个目标，这能给我们增添信心和勇气。

7. 控制忧虑

平凡人只想要一个幸福快乐的人生，懂得控制忧虑的人，才能有一个幸福快乐的人生。

自制是成功的保险单

华人首富李嘉诚说："自制是修身立志成大事者必须具备的能力和条件，希望每个人都能做到自制。"

从本质上讲，自制就是你被迫行动前，有勇气自动去做你必须做的事情。自制往往和你不愿做或懒于去做，但却不得不做的事情相联系。"制"既然是规范，当然是因为有行为会越出这个规范。比如，刷牙洗脸是每天必须要做的事情，但有一天你回到家筋疲力尽，如果你倒床就睡，是在放纵自己的行为；如果你克服身体上的疲惫，坚持进行洗漱，这就是你自制的表现。人们往往会遇到一些让自己讨厌或使行动受阻挠的事情，而在这种情况下，你就应该克服情绪的干扰，接受考验。

自制的方式，一般来说有两种：一是去做应该做而不愿或不想做的事情；一是不做不能做、不应做而自己想做的事情。比如，你每天早晨坚持锻炼身体，某一天天气特别寒冷，你不想冒着寒冷继续坚持，但你最终走出家门，继续锻炼，这就属于前者。后者的表现也较多，你喜欢抽烟，但到了无烟室，你必须强忍住内心的欲望不抽烟。

在一般情况下，自制和意志是紧密相连的。意志薄弱者，自制

能力较差；意志顽强者，自制能力较强。加强自制也就是磨炼意志的过程。

自制对于个人的事业来讲，发挥着重要的作用，加强自制有助于磨砺心志，有助于良好品性的形成，使人走向成功。

一个商人需要一个小伙计，他在商店里的窗户上贴了一张独特的广告："招聘：一位能自我克制的男士。每星期 4 美元，合适者可以拿 6 美元。""自我克制"这个术语在村里引起了议论，这有点不平常。这引起了小伙子们的思考，也引起了父母们的思考。这自然引来众多求职者。

每个求职者都要经过一个特别的考试。

"能阅读吗？孩子。"

"能，先生。"

"你能读一读这一段吗？"他把一张报纸放在小伙子的面前。

"可以，先生。"

"你能一刻不停顿地朗读吗？"

"可以，先生。"

"很好，跟我来。"商人把他带到他的私人办公室，然后把门关上。他把这张报纸送到小伙子手上，上面印着他答应不停顿地读完的那一段文字。阅读刚一开始，商人就放出 6 只可爱的小狗，小狗跑到男孩的脚边，男孩经受不住诱惑要看看可爱的小狗。由于视线离开了阅读材料，男孩忘记了自己的角色，读错了。于是，他就失去了这次机会。

就这样，商人打发了 70 个男孩。终于，有一个男孩不受诱惑一口气读完了，商人很高兴。他们之间有这样一段对话：

商人问："你在读书的时候没有注意到你脚边的小狗吗？"

男孩回答道："对，先生。"

"我想你应该知道它们的存在，对吗?"

"对，先生。"

"那么，为什么你不看一看它们?"

"因为我告诉过你我要不停顿地读完这一段。"

"你总是遵守你的诺言吗?"

"的确是，我总是努力地去做，先生。"

商人在办公室里走着，突然高兴地说道："你就是我要的人，明早 7 点钟来，你每周的工资是 6 美元，我相信你大有发展前途。"男孩后来的发展的确如商人所说。

克制自己是成功的基本要素之一，每个人都应该学会自我克制。这是品格的力量，能够驾驭自己的人，比征服了一座城池的人还要伟大。"意志"既能造就人，也能造就机遇，更能造就成功。

拿破仑·希尔曾经对美国各监狱的 16 万名成年犯人做过一项调查，结果发现了一个令人惊讶的事实：这些人之所以身陷牢狱，有 99% 的人是因为缺乏必要的自制，没有理智，从不约束自己的行为，以致走向犯罪的深渊。

人类是有自我意识的高级动物，只要我们有意识地去进行自我控制，就一定可以成功。下面是一些有效进行自我控制的方法。

1. 尽量不要发怒

"匹夫之怒，以头抢地尔"，发怒不但解决不了问题，而且容易使问题复杂化，更容易伤害别人和自己。

2. 受到不公平对待时，不要怨天尤人

这是一种消极的心理，不但得不到别人的同情，反而容易引起别人的反感。

3. 要改变自己急躁的习惯

有些事情着急也是没有用的，该来的终究会来，该发生的终究

会发生。保持镇定自若，稳如泰山。要知道，欲速则不达，急于求成反而可能深受其害。

4. 受到别人不公平待遇时，要抑制住自己的委屈

一个人可以一时受委屈，但不会一世受委屈。就像太阳一样，它是最公正无私的。然而，它的光芒也无法照遍地球上的每一个角落。天总有晴空万里的时候，人总有扬眉吐气的时候，关键是自己要看得开、放得下。

5. 要抑制住自己悲愤的情绪

社会上的人各色各样，谁都免不了受到伤害。所以，在努力保护自己的同时，要冷静理智地寻求解决问题的办法，而不要悲愤难当。

6. 不要像井底之蛙一样狂妄自大

狂妄会引起别人的讨厌，会引起人对自己的排挤。其实，任何能力都有局限性，强中自有强中手，能人背后有能人。

7. 学会自我娱乐

要经常进行自我娱乐来调节身心，使自己轻松快乐，但不可过度，因为"业精于勤荒于嬉，行成于思毁于随"。

8. 不要放纵自己

"酒是穿肠毒药，色是刮骨钢刀"，切记不可放纵自己，使自己迷失方向，使自己涣散意志，使自己走向堕落。

自制是在行动中形成的，也只能在行动中体现。除此之外，再没有别的途径。梦想自己变成一个自制的人，就会变成一个自制的人吗？靠读几本关于如何自制的书，就能成为一个自制的人吗？只是不停地自我检讨，就能成为一个自制的人吗？答案都是否定的。

自制的养成是一个长期的过程，不是一朝一夕的事情。因此，要自制首先就得勇敢地面对来自各方面的一次次对自我的挑战，不

要轻易地放纵自己，哪怕它只是一件微不足道的事情。

自制，同时也需要主动，它不是受迫于环境或他人而采取的行为，而是在被迫之前就采取的行为。前提条件是自觉自愿地去做。在日常生活中，时时提醒自己要自制。同时，你也可以有意识地培养自制精神。比如，针对你自身性格上的某一缺点或不良习惯，限定一个时间期限，集中纠正，效果比较好。

千万不要纵容自己，为自己找借口。对自己严格一点儿，时间长了，自制便成为一种习惯，一种生活方式，你的人格和智慧也会因此变得更完美。

克服忧虑情绪

罗斯福总统执政时期的财政部长亨利·摩根索工作很忙，每天都要工作 12 个小时以上，而且他是一个责任心很强的人。为了把自己的工作做好，他不辞劳苦，几十年如一日。

更有甚者，他经常担心自己的工作是否妥当。为此，他让自己头昏眼花，精神不佳。他曾经在日记里叙述说："一次，罗斯福总统为了提高小麦的价格，在一天之内买了 440 万蒲式耳的小麦。这么大的开销，我真有些担忧国家的财政。如果继续这样，很可能有赤字的危险。"

他又说："在这件事情没有结果之前，我觉得头昏眼花。我回到家里，在吃完午饭以后睡了两个小时。"

其实，不止这件事，亨利对自己所有悬而未决的工作都表示出一种莫名的忧虑，这使他患上了恐惧症。在他 70 岁时，他患上了心

脏病。不久，便因心脏病发作而去世。

看来，忧虑已经成为影响人们情绪甚至生命健康的大敌，那么，如何克服这种忧虑呢？让我们来看看卡瑞尔的办法。

卡瑞尔是一个很聪明的工程师，他开创了空调行业的先河。现在，他是位于纽约州塞瑞库斯市的世界闻名的卡瑞尔公司的负责人。卡瑞尔先生曾向拿破仑·希尔讲述道：

"年轻的时候，我在纽约州巴法罗城的巴法罗铸造公司工作。我必须到密苏里州水晶城的匹兹堡玻璃公司——一座花费好几百万美元建造的工厂去安装一架瓦斯清洁机，以清除瓦斯燃烧的杂质，使瓦斯燃烧时不会伤到引擎。这种瓦斯清洁方法是一种新的尝试，以前只试过一次，而且当时的情况很不相同。我到密苏里州水晶城工作的时候，很多事先没有想到的困难都发生了。经过一番调整之后，机器可以使用了，可效果并不像我们所保证的那样。

我对自己的失败非常吃惊，觉得像是有人在我头上重重地打了一拳。我的胃和整个肚子都开始扭痛起来。有好一阵子，我担忧得简直无法入睡。最后，出于一种常识，我想忧虑并不能够解决问题，便想出一个不需要忧虑就可以解决问题的办法，结果非常有效。我这个抵抗忧虑的办法已经使用三十多年了，这个办法非常简单，任何人都可以使用。

第一步，毫不害怕而诚恳地分析整个情况。然后，找出万一失败后可能发生的最坏情况是什么。没有人会把我关起来，或者把我枪毙，这一点说得很准。不错，很可能我会丢掉工作，也可能我的老板会把整个机器拆掉，使投下去的 2 万美元泡汤。

第二步，找出可能发生的最坏情况之后，让自己在必要的时候能够接受它。我对自己说，这次失败在我的记录上会是一个很大的污点，我可能会因此而丢掉工作。但即使真是如此，我还是可以另

外找到一份差事。至于我的那些老板——他们也知道我们现在是在试验一种清除瓦斯的新方法，如果这种实验要花他们2万美元，他们还付得起。他们可以把这个账算在研究费上，因为这只是一种实验。

发现可能发生的最坏情况，并让自己能够接受之后，有一件非常重要的事情发生了。我马上轻松下来，感受到几天以来所没有体验过的一份平静。

第三步，从这以后，我就平静地把我的时间和精力，拿来试着改善我在心理上已经接受的那种最坏情况。

我努力找出一些办法，以减少我们目前正面临着的2万美元的损失。

我做了几次实验，最后发现，如果我们再多花5 000美元，加装一些设备，我们的问题就可以解决了。我们照这个方法去做，公司不但不会损失2万美元，反而可以赚15 000美元。

如果当时我一直担心下去的话，恐怕再也不可能做到这一点。因为忧虑的最大坏处就是摧毁一个人集中精力的能力。一旦忧虑产生，我们的思想就会到处乱转，从而丧失做出决定的能力。然而，当我们强迫自己面对最坏的情况，并且在精神上先接受它之后，我们就能够衡量所有可能的情形，使我们处在一个可以集中精力解决问题的地位。

我刚才所说的这件事发生在很多年以前，因为这种做法非常好，我就一直使用。结果呢，现在我的生活里几乎不再有烦恼了。"

拿破仑·希尔说："不知道怎样抗拒忧虑的生意人都会短命而死。"有一位生意人，他不仅消除了50%的忧虑，还减少了70%以前用来开会、解决他生意上问题的时间。

弗兰克·贝特吉尔是美国的保险业巨子。他告诉拿破仑·希尔，

他不仅减少了生意上的忧虑，而且让自己收入倍增，他所使用的也是类似的方法。他对拿破仑·希尔讲述了这样一个故事：很多年前我刚开始推销保险的时候，对自己的工作充满了无限的热忱和喜爱。然后，发生了一点事情，使我非常气馁。我开始瞧不起我的工作，甚至想放弃。我几乎都要辞职了，可我突然想到一件事。在一个星期六的早晨，我坐下来，想找出我忧虑的根源所在。我首先问自己："问题到底是什么？"我的问题是，访问过那么多的人，可业绩并不够好。我似乎跟那些潜在的顾客都交谈得很好，可到最后快要成交的时候，那位顾客就会跟我说："啊！我要再考虑考虑。贝特吉尔先生，什么时候再来时再说吧。"于是，我又要再去找他，浪费掉不少时间，使我觉得很颓丧。我问自己："有什么可能的解决办法？"可是，要得到问题的答案，我一定得先研究以前的事例。我拿出过去12个月以来的记录，仔细看看上面的数字。结果，我有一个非常惊人的发现，就在记录上，白纸黑字写得很明白。我发现我所卖的保险里，有70%是在第一次见面就成交的；另外有23%是在第二次见面的时候成交的；还有7%是在第三、第四、第五次才成交的。这些东西，让我觉得很难过，很浪费时间。换句话说，我的工作时间几乎有一半都浪费在实际上只占7%的业务上。

"那么答案是什么呢？"答案很明显，我立刻停止第二次以后的所有访问，把空出来的时间拿来寻找新的顾客。结果真是令人难以相信：在很短的时间里，我就把平均每一次赚2.8美元的业绩提高到4.27美元。

今天，弗兰克·贝特吉尔是美国著名的人寿保险推销员，每年完成的保险业务都在100万美元以上。可是，他也曾经一度想放弃他所从事的职业，几乎就要承认失败。结果，分析问题使他步入了成功之路。

培养积极情绪

任何负面的情绪在与爱接触后，都会如冰雪遇上阳光一般，很容易就消融了。如果现在有个人跟你发脾气，你只要始终对他施以爱心及温情，最后他便会改变先前的情绪。福克斯说得好，只要你有足够的爱心，就可以成为全世界最有影响力的人。

一切情绪之中最有威力的便是爱心，但它以不同的面貌呈现出来，感恩也是一种爱。人们喜欢通过思想或行动，主动表达出自己的感恩之情，同时也好好珍惜上天赐给他、人们给予他的人生经历。如果我们常心存感恩，人生就会过得很快乐。因此，请好好经营你那值得经营的人生，让它充满芬芳。

如果你真心希望你的人生能不断成长，就得有像孩童般的好奇心，因为孩童是最懂得欣赏"神奇"的。如果你不希望人生过得那么乏味，那就在生活中多带些好奇心；如果你有好奇心，便会发现生活中奥妙无处不在，你就能更好地发挥潜能。这是一个环环相扣的道理。如果你能好好地发挥你的好奇心，人生便是永无止境的学习，其中自能享受到发现"神奇"的喜悦。

如果做任何事情都带着振奋与热情，它就会变得多彩多姿，因为它们能把困难化为机会。热情具有伟大的力量，能鼓动我们以更快的节奏迈向人生的目标。

19世纪英国著名首相狄斯雷利曾说过这样的话："一个人要想成就伟大，唯一的途径便是做任何事都得抱着热情。"我们要如何才会有热情呢？就跟要如何才会有爱、有温情、有感恩和有好奇心一

样，只要我们决定开始热情起来！可千万别想浑浑噩噩过日子，那不仅会使生活过得很乏味，人生也会因此而充满不幸。

毅力能够决定我们在面对困难、失败、诱惑时的态度，最终决定我们是倒下去还是屹立不动。如果你想减轻体重、如果你想重振事业、如果你想把任何事做到底，单单靠着"一时的热劲"是不行的，你一定得准备毅力才能成事，因为那是你产生行动的动力源头，毅力能把你推向任何想追求的目标。具备毅力的人，他的行动必然前后一致，不达目标誓不罢休。

安东尼·罗宾认为，只要你有毅力，就能够做成任何大事。反之，缺乏毅力，你就注定失败。一个人之所以敢于冒险去做任何事情，凭的就是他们的勇气，而勇气则源于毅力。一个人做事的态度是勇往直前还是半途而废，就看他们是否时常练习他的毅力。

埋头硬干不表示就是有毅力，必须能察看出实际情况的变化，并不失时机地改善自己的做法。试问，如果你只要走两步路便能找到出口，难道非得把墙打个洞才能出去吗？有时候，单有毅力并不一定能成就事业，你还得有足够的弹性。

我们要保证任何一件事能够成功，保持弹性的做事方法是绝不可少的。要你选择弹性，其实也就是要你选择快乐。在每个人的人生中，都必然会遇到诸多无法控制的事情。然而，只要你的想法和行动能保持弹性，那么人生就能永葆成功，更别提生活会过得多快乐了。芦苇就是因为能弯下身，所以才能在狂风肆虐下生存；而榆树就是想一直挺着腰杆，结果经常为狂风吹折。

不轻易动摇的信心是我们每个人所向往的。如果你想一直都满怀信心，你一定要从心里建立起"有信心"的信念。你得从此刻便开始学习想象并感受那份信心，相信自己有足够的资格取得它。但这可不能光靠做白日梦，希望着美好的未来有一天会平白地冒出来。

当你有信心，就敢于去尝试、敢于去冒险。要想建立信心，有一个办法，那就是不断练习去使用它。如果有人问你是否有信心能把鞋带系好？相信你会以十足的信心回答说没问题。为什么你敢说得那么肯定？只因为你做过这件事已成千上万次了。同样的道理，如果你能不断从各方面练习自己的信心，你的人生事业就成功了 50% 。

当我们把快乐这一项加在最重要的追求价值表内时，大家都说："你们跟我们不太一样，你们似乎很快乐。"事实上，我们是很快乐的，可同时却从未表现在脸上。你知道吗？内心的快乐和脸上的快乐有着很大的差别。前者能使你充满自信、对人生心怀希望、带给周围之人同样的快乐。当你遭遇了一些不好的事，却硬是在脸上浮现笑容，这会使你觉得再也没什么比这个更让你难受的了。

要想从脸上表现出快乐的样子，并不是说要你不去理会所面对的困难，而是要知道学会如何保持一种快乐的心情，那样就有可能改变你生活中的许多事情。只要你能做到脸上常带笑容，就不会有太多的东西引起你的痛苦。

这是很重要的一种情绪，如果你不能很好照顾自己的身体，就很难享受到拥有它的快乐。你要经常注意自己是否有活力，因为一切情绪都来自于你的身体。如果你觉得有些情绪溢出常轨，那就赶紧检查一下身体吧。你的呼吸怎样？当我们觉得压力很大时，呼吸就会很不顺畅，这样就慢慢把活力耗竭掉了。如果你希望拥有一个健康的身体，那就得好好学习正确的呼吸方法。

另外一个保持活力的方法，就是要维持身体足够的精力。怎样才能做到这一点呢？我们都知道每天的身体活动都会消耗掉我们的精力，因而我们得适度休息，以补充失去的精力。请问你一天睡几个小时呢？如果你一般都得睡上 8 ~ 10 个小时的话，很可能有些多了点，根据研究调查，大部分的人一天睡 6 ~ 7 小时就足够了。还有

一个跟大家看法相反的发现，就是静坐并不能保存精力，这也就是为什么坐着也会觉得疲倦的原因。要想有精力，我们就必须"动"起来才行。研究发现，我们越是运动就越能产生精力，因为这样才能使大量的氧气进入身体，使所有的器官都活动起来。唯有身体健康，才能产生活力，才能让我们应付生活中各种各样的问题。由此可知，我们一定得好好培养出活力，才能控制生活里的各样情绪。

某天午夜时分，安东尼·罗宾驾车在高速公路上飞驰，心中想着："我得怎么做才能改变人生？"突然有个意念闪过脑际，罗宾如梦初醒，兴奋得难以自持，随即把车开下高速公路并停在路边，在笔记本上写下了这句话：生活的秘诀就在于给予。

人作为这个社会的一分子，如果我们所说的话、所做的事，不仅能丰富自己的人生，还可以帮助别人，那种心情是再令人兴奋不过的了。我们常常会被那些为了追求人生最高价值之人的故事所感动，他们无条件地去关心人们，带给人们极大的幸福。每天我们都应该好好省思，到底能为人们做些什么事，别只想到自己的好处。

一个能够不断地独善其身并兼善天下的人，必然是因为他明白人生的真义，那种精神不是金钱、名誉、夸奖所能比拟的。拥有服务精神的人生观是无价的，如果人人都能效法，这个世界定然会比今天更美好。

克服消极情绪

成功的最大敌人是缺乏对自己情绪的控制。愤怒时，不能遏制住怒火，使周围的合作者对你望而却步；消沉时，放纵自己的萎靡，

让许多稍纵即逝的机会白白从身边溜掉。

你会发脾气吗？你懂得什么时候应该发脾气，什么时候不应该发脾气吗？如果你在开车时，碰到别人从你身边呼啸而过，使你大吃一惊时，你是否会破口大骂呢？很多人会因此而大发脾气，甚至为此不高兴一整天。却不知，对方可能早已高兴地开着车跑掉了。要化解不良情绪，就不妨以风趣、温和的态度解释当时的情形："这家伙，一定是老婆赶着去生孩子。"然后，对此报以一笑置之的态度。

反之，忍住不发脾气一定是好的吗？比如，当你的孩子在念书时，隔壁的音响开得很大声，你只管忍耐，不去伸张权益，结果如何呢？在这种情况下，我们忍住不发脾气，就等于在纵容别人做不该做的事情。

生活中非理性的因素很多，我们常常会因为这些非理性的因素而控制不住自己的情绪，从而导致一些不应该的后果发生。为了更好地控制自己的情绪，我们应该先分析一下生活中常见的非理性因素。

世界之大，我们每个人倾尽一生，能看到、听到、感觉到、体验到的事物也极其有限。且不说浩瀚无垠的洪荒宇宙，即使我们立足的这个渺小的星球，也已经使我们再三地承认生命的有限和短促了。由此可见，即使是日常小事，投射到我们的心灵世界里时，极有可能变得极其复杂和丰富。

在生活中，我们感觉周围的事物，形成我们的观念，做出我们的评价，以及相应地进行判断、决策等，无一不是通过我们的心理世界来进行的。只要是经由主观的心理世界来认识和体察事物，我们就不可避免会受到非理性因素的干扰和影响，使我们对事物的认识和判断产生偏差，影响我们认知准确性的因素很多，如知识、经

验的局限、认知观念的偏差、感官的限制等。其中，影响因素最大的是情绪的介入和干扰。

嫉妒使人心中充满恶意和伤害。如果一个人在生活中对别人产生了嫉妒的情绪，他就要从此生活在阴暗的角落里，他也不能再在阳光下光明磊落地行事了，而面对别人的成功或优势则咬牙切齿、恨之入骨。嫉妒的人首先伤害的是自己，因为他不是把时间、经历和生命放在人生的积极进取上。而是放在日复一日的蹉跎之中。嫉妒同时也会使人变得消沉，或充满仇恨。如果一个人心中变得消沉或充满仇恨，那么他距离成功也就越来越遥远。

愤怒使人失去理智思考的机会。许多场合，因为不可抑制的愤怒，使我们失去了解决问题和冲突的良好机会。一时冲动的愤怒，可能意味着事过之后必须付出昂贵的代价来弥补。在实际生活中，愤怒导致的损失往往可能是无法弥补的，你可能从此失去一个好朋友，失去一次事业成功的机会。你可能从此在他人眼里的形象受到损害，别人也从此开始对你产生疑惑。

愤怒时最坏的后果是，人在愤怒的情绪支配下，往往不会想到去顾及别人的尊严，并且严重地伤害了别人的面子。损害他人的物质利益也许并不是太严重的问题，而损害他人的感情和自尊却无异于自绝后路、自挖陷阱。如果你心中的梦想是渴求成功，那么愤怒是一个不受欢迎的敌人，应该把它从你的生活中彻底赶走。

发怒的结果，总是承认自己错了。你能制止不发怒，证明你是对的，你的对手便无能为力了。行动冷静则对方也会冷静下来。对方的目的是要激起你发怒而做出一种不合理的事来，使你事后后悔。一个对你这种愤怒毫无反应的人，你对他发怒，实在是毫无意义的。打倒一个愤怒的对方，没有比冷静更好的办法了。不要因为别人发怒，你便怒不可遏。要知道，那正是你应当平和的时候。

如果你想要发怒，便想想这种爆发会带来怎样的严重后果。如果你明白发怒必定会有损于你自己的利益时，最好约束你自己，无论这种自制怎样吃力。

发怒应视时机，愤怒在人生中有一种很高的价值，运用得当就是很好的东西。当你发怒的时候，要记着这样一个原则：你是要做一件有目的的事。不可压制一切行为，因为压迫反而增加紧张，会令人受不了的。你要做的事情，就是想方设法地去约束它。不必压迫愤怒，而是把愤怒导引为一种行动，以增进自己的事业。

愤怒可以作为努力背后的原动力。一个完好的机器转动时毫无声息，但在其背后是有极大的力量的。一个弱小而吵闹的机器，以其声音外表来看似乎是有很大的力量，但这种机器太不协调，很容易损坏。

同样地，如果有什么困难发生，你就觉得急躁不安而无心工作，就像把机器暂时停止了（一点事也不做）。殊不知，如果无限期地无所动作，最后将像破旧的汽车一样，被送往废铁场。

愤怒时，最重要的是使"怒气"获得适当的引导，以免积压，以致日后一发不可收拾。抑制一种机器时，要能够利用"怒气"，而且要用得不动声色，极有效力。但有时"怒气"太多，机器跟不上，则不得不用一种安全塞，把气释放。有时，人会产生一种无意识而又疯狂的爆发，这是因为他们只知压制心中的怒气，而不知准备一种释放的活塞。诸如狂叫、扯头发、丢盘子、用力关门等，都不是好的活塞。这样做将使我们内心难以忍受的一面赤裸裸地显现出来，不但会引起他人的嘲笑，还将使我们留下难以弥补的伤痕。

心平气和的人并不是从来都不发怒，他们把愤怒发泄于有益之处。同时，会有一种安全活塞用以疏导。

过分的担忧可能导致恐惧，而恐惧则使人学会回避、躲藏，而

不是迎接挑战，不畏困难。对某些事物的恐惧情绪，可能来自于自卑。

　　一次失败的经历或尴尬的遭遇都可能使人变得恐惧。比如，经历过一次在公众面前语无伦次的演讲，就可能使他从此恐惧演讲。这无疑使他在生活中凭空少了许多机会，本来可以通过一番演说和游说来获得成功机会，结果却因恐惧而使得那个机会从手指缝里溜走。恐惧的泛滥能导致焦虑，而焦虑的情绪甚至比恐惧本身还要糟糕。

　　有些人把焦虑情绪形容为"热锅上的蚂蚁"，这个比喻可谓相当准确，也相当形象。产生恐惧情绪而不想方设法加以控制和克服，其潜台词相当于默认自己是一个怯懦的失败者。成功的路途上，小小的失败就令他望而却步，驻足不前，那么，成功后可能面临的更大挑战他又如何应付呢？

　　成功路途中最可怕的敌人是抑郁。如果说别的消极情绪是成功路上的障碍，使成功之路变得漫长和艰险，抑郁则会使成功南辕北辙。克服别的情绪问题可能是一个修养和技巧的问题，克服抑郁却相当于一项庞大的工程，它需要彻底改变你的性格：从认知、态度到性格、观念。

　　一个追求成功的人如果患上抑郁，即使有成功的机会，也会离他而去。因为成功带给他的并不是喜悦，不能使他兴奋起来，他沉浸在自己的琐碎体验中而不能自拔。抑郁者仿佛是一个随时驮着壳的蜗牛，只是束缚他的硬壳是无形的。抑郁者宛若置身于一个孤独的城堡中，不仅他自己出不来，别人也进不去。

　　紧张能使我们集中精力，但紧张过度却使我们长期的准备工作付诸东流。本来设想和规划得很好的语言和手势，一紧张便会忘得一干二净。过分的紧张使人变得幼稚可笑：脸色发白或涨得通红，

双手和嘴颤抖不已，冒着冷汗，心跳剧烈，甚至使人感到心悸，呼吸急促，语言支离破碎。这样的情形使我们宛若一个撒谎的幼童。

一个成功者，他也许一直都有些紧张的情绪。但他之所以成功，是因为他已经学会了如何控制紧张。美国历史上最著名的总统林肯当众演讲时始终有些紧张，可他知道如何控制和巧妙地掩饰过去，不让台下的听众看出来。

狂躁容易给人以一种假象，仿佛可以使人精力充沛，说话和做事都那么有感染力，显得咄咄逼人。初次接触狂躁者时，许多人都会产生错误的感觉，以为他是多么的具有活力和使人感动。可是，随着时间的推移和了解的加深，你就会发现狂躁其实不过是一张白纸。他的谈话没有深度，他的行事缺乏条理和计划性，他说过的话转眼就忘记，交给他的任务也不会受到认真对待。

狂躁的情绪容易使人陶醉，因为狂躁者的自我感觉好极了，他会显得雄心勃勃，似乎要把最后一颗太阳也射下来。可是，世界上没有狂躁者取得成功的例子，因为狂躁和抑郁其实是情绪的两个极端：狂躁是极度兴奋，而抑郁是极度抑制。在精神病分类里，有一种精神疾患就叫做狂躁—抑郁症。

如果因小事而急躁，就找一种发泄的办法，然后平和起来，保持你的精力，以准备应付大事，因为大事是需要极大的自制力的。一些小小的烦恼如果不放松出来，便会聚成一种长期的积愤，到头来便完全不能自制了。

还有一点很重要，便是怒气发出来之后，如果要收其实效，就必须在发泄后把神经放松下来。

如果在生活中一些琐碎的事情使你总是烦躁不安，你最好休息一下，或是进行一次旅游，或是在乡野散步。至少你要找出使你烦躁的原因，然后想法解除。

猜疑是人际关系的腐蚀剂，它可以使触手可及的成功机会毁于一旦。莎士比亚在他那出著名的悲剧《奥赛罗》里十分生动而深刻地刻画了猜疑对成功的腐蚀，爱情因为猜疑而变得隔阂，合作因猜疑而不欢而散，事业因猜疑而分崩离析。

猜疑的主要原因是缺乏沟通，许多猜疑最终都被证明是误会。如果相互之间的沟通顺畅，那么猜疑的霉菌就无处生长。对成功路上艰难跋涉的追求者来说，猜疑将是一个随时可能吞没你整个宏伟事业的陷阱。

因为你的猜疑可能随时被别人利用，而蒙在鼓里的你却浑然不觉。其实，只要你细加分析，就不难发现猜疑是多么没有道理和破绽百出。

猜疑的另一个原因是对自己的控制能力缺乏足够的自信。为什么会猜疑？因为担心自己的利益受到损害，而这种担心显然是由于对自己控制局面的能力信心不足而造成的。

努力征服自己

人性中有很多弱点，如贪图享受、容易满足、逃避困难、自轻自贱、盲目乐观、懒散傲慢等。如果你想在20几岁便有所成就，就必须战胜这些弱点。

陀思妥耶夫斯基说："倘若你想征服全世界，你就得先征服自己。"但是，自己是最难征服的。罗曼·罗兰塑造的约翰·克利斯朵夫的形象告诉我们，一个人要战胜自己是一个艰难而痛苦的历程。约翰·克利斯朵夫出生在一个贫民家庭，他要靠自己的奋斗获得人

生成功，就得与社会斗、与自己斗。

藏在约翰·克利斯朵夫内心的敌人有两个：一个是宗教意识，一个是本能。前一个要他认命，后一个要他堕落。约翰·克利斯朵夫靠着顽强的意志与自己战斗，他绝不认命，不甘堕落，在那个污泥浊水的世界里始终保持纯洁的品性，战胜了自己身上的弱点，完成了自己的历史使命。在他临终时，他的心灵达到高度和谐的境界：没有痛苦、没有恩怨，只有真正的快乐。

人们常说：英雄难过美人关。其实，并不是美人打败了英雄，而是英雄打败了自己。

在物欲横流的社会里，很多年轻人成了物质财富、金钱美女的俘虏，多年的努力毁于一旦，全是因为无法战胜自己内心的敌人——人性的弱点。

要战胜人性的弱点，首先必须树立成功人生的信念，并且要坚定不移。很多年轻人都想在20几岁时获得成功，但又缺乏自信，稍遇风吹浪打，便自己动摇放弃了。只有具备坚定成功的信念，才能与自己的弱点作斗争。

其次，是把社会的需要和自己的长处结合起来发展自己、战胜自己。很多人最后被自己打败是因为觉得自己怀才不遇，自暴自弃。还有很多人失败是完全放弃了自己的特长、兴趣而跟着社会跑，最后完全丧失了自己。

只有把社会与个性特点结合起来发展，才能在顺境中克服自己内心的敌人。

最后，要有顽强的意志，与自己作斗争就是意志力的考验。

人生并不总是顺境。对多数人来说，逆境会使他们自甘沉沦。只有少数具有顽强意志的人才能战胜自己的弱点，顶天立地，像腊梅一样在冰天雪地里傲然开放人生灿烂之花。

邓小平同志的一生是成功人生的楷模，他之所以成功，就在于他有超常的意志。他在中国革命进程中三起三落，不畏艰辛，顶住压力，最终实现了人生目标。所以，有顽强的意志就能战胜人性的弱点。

人性的弱点尽管很多、很强大，难以战胜，就像一张张蛛网束缚着我们走向成功，使人不知不觉陷入败局，但只要我们能清醒地认识到这一点，不再怨天尤人，不再把自己的失败归咎于社会、归咎于家庭、归咎于他人，而是自我反省，从现在开始，重新做人，克服自身的弱点，那么，就完全可以取得最后的成功。

学会调整自己

社会生活在不断变化，我们生活在其中的人，也应不断进行自我调整。今天你处在高位，明天你也许会一无所有。所以，如果要20几岁时成功，就要及时调整自我，顺应时代。

有一个年轻人高中毕业后没有考上大学，他感到心灰意冷。为了糊口，他去了一个理发店学理发。没干多久，他就觉得理发没有出息，又去当兵。几年后复员回家，还是找不到像样的工作，只好又回到理发店理发。他觉得命运对他的安排就是理发，既然这样，就把理发这件事做好。于是，他调整好自己的心态，爱上了这一工作，并立志要成为最优秀的理发师。几年之后，他真的成功了，并拥有了自己的理发美容院。

这位年轻人从不喜欢这一工作到喜欢这一工作，从觉得没出息到做得有出息，全在于能够及时进行自我调整。

如果他永远抱着以前的想法来看待他的工作和前途，不及时自

我调整，那么，他的人生就只有失败。

虽然人人都知道"行行出状元"这句老话，但到了自己头上却是难以接受。很多人下岗以后，宁可在家闲着，坚守贫困，也不愿去干那些所谓"下贱"的工作。这都是不能及时自我调整，抱着一种想法死不改变的表现。

人生需要不断地进行自我调整，因为社会生活在不断地发生变化。今天你可能在某个位置，明天也许就没有了。如果想不开，不要说是 20 几岁时成功，整个人生也可能是一出悲剧。相反，只要及时调整，就可能"柳暗花明又一村"。

凯斯顿是美国纽约 20 世纪福克斯公司的电影制片人，制作了 20 年影片，他认为这是他唯一能干的工作。可是突然有一天，他丢掉了这个饭碗。他沮丧极了，因为他不知道自己除此之外还能干什么。有一天，他正心灰意冷地在大街上闲逛，迎面碰上了过去的一位同事。这位同事的一番话及时调整了凯斯顿的心态，使他走出了人生的低谷，开始迈向成功人生。

凯斯顿后来回忆他们当时的对话：

"他对我说：'你担心什么——你的本事多得很。'我记得自己非常疑惑地说：'真的？我有什么本事？'他告诉我：'你是一个了不起的推销员。多年来，你不是一直把许多电影构想推销给总公司的人吗？天晓得，如果你能推销给那些老奸巨猾的人，你就能把任何东西推销给任何人。'"

接着他说：'此外，你还是一个写宣传企划的高手——你一直为自己的影片写出最好的宣传企划，所以你干这一行一定没问题。'然后，他不经意地撇下最后几句话：'不用说你最擅长的是把一大堆人凑在一起工作——这本来就是制片人的职责。所以，你也许可以开一家自己的演员经纪公司，大赚一笔。依我看来，你能选择的出路

多得很’。

他在我肩膀上拍一把，我们就告别了。但是，我在那个街角又待了许久。短短几句话改变了我的人生。

凯斯顿听了朋友的话，及时调整了自己的人生方向，开始了新的人生。现在，他拥有了自己的公司，独立承接宣传企划，当然是以电影业为主。凯斯顿成功了。

一个我行我素的人，是难以在 20 几岁时取得成功的。因此，必须约束自己、制约自己。正如比尔·盖茨所说："我们唯一能控制的便是我们的头脑，如果我们不能控制它的话，别的力量就会来左右它了……"

一个人要学会控制自己的头脑不被其他思想干扰。男高音歌唱家帕瓦洛蒂在介绍自己的成功经历时写道："我在家乡跟一位专业歌手学唱歌，同时还要去师范学院上学。毕业时，我问父亲，自己今后是当教师还是当歌唱家？父亲说：'如果你想同时坐两把椅子，你就会掉到两把椅子中间的地上。在生活中，你应该选定一把椅子。'我选择了唱歌，经过 14 年奋斗，我终于获得了成功。"

会限制自己的人，就会发展自己；会发展自己的人，也会限制自己。比尔·盖茨说："坚持自己该做的事情，是一种勇气。绝对不做那些良知不允许的事，也是一种勇气。"有了这种勇气，我们就能按照预定的目标，选择该做的事，舍弃不该做的事。

限制自己是一种强制行为，它不仅表现在对精力的运筹上，还表现在对时间的调度上；不仅表现在对其他专业兴趣的控制上，也表现在对娱乐活动、应酬方面的限制上。人的生命是有限的，它经不起折腾和浪费。

限制自己需要顽强的意志和毅力，这本身就是一个逐步积累的过程。平时，要从调节自己的情绪起步。自己的思绪控制其行动的

人是弱者；反之，行动来控制自己思绪的人，则是强者。比尔·盖茨对不正常情绪的制约常常采取"反其道而行之"的方法。

如果我觉得沮丧，我就唱歌；如果我觉得悲伤，我就大笑；如果我觉得无法胜任，我就想想过去的成就；如果我觉得无足轻重，我就想想我的目标。

人如果注意将情绪调整到较佳的位置，久而久之，就能增强自己的聚焦意志，使聚焦效应结出丰硕的果实。

这里有一个关于一位深谙自我管理艺术之道的人物的故事，他的名字是豪威尔。他是美国财经界的领袖，曾担任美国商业信托银行董事长，兼任几家大公司的董事。他受到的正式教育很有限，在一个乡下小店当过店员，后来当过美国钢铁公司信用部经理，并一直朝着更高的权力地位迈进。

在谈到成功的秘诀时，豪威尔说："几年来，我一直有个记事本，记录一天中有哪些约会。家人从不指望我周末晚上在家，因为他们知道，我常把周末晚上留做自我检查，评估自己在这一周中的工作表现。晚餐后，我独自一人打开记事本，回顾一周来所有的面谈、讨论及会议过程。我会自问'我当时做错了什么''我还能干什么来改进自己的工作表现''我能从这次经验中吸取什么教训'等问题。这种每周检讨有时弄得我很不开心。有时，我几乎不敢相信自己的莽撞。随着年事渐长，这种情况倒是越来越少，我一直保持这种自我分析的习惯，它对我的帮助非常大。"

豪威尔的这种做法可能是向富兰克林学习的。不过，富兰克林并不等到周末，他每晚都自我反省。他发现了自己13项严重的错误。其中3项是：浪费时间、关心琐事及与人争论。睿智的富兰克林知道，不改正这些缺点是成不了大业的。所以，他一周把一个要改进的缺点作为目标，并每天记录赢的是哪一边。下一周，他再努

力改进另一个坏习惯，他一直与自己的缺点奋战，整整持续了两年。

在成功学大师卡耐基的私人档案柜里有一份特别的卷宗，内容都是"我做过的傻事"。有的时候，卡耐基会口述这些事给秘书记录。不过，有时某些事委实"傻"得太厉害了，卡耐基都不好意思说出口，只好自己动手记下来。

如果卡耐基够诚实，这样的卷宗恐怕早就需要成立专柜了。

每当卡耐基翻阅这份卷宗，重读自己对自己的按语时，就像有一面镜子摆在那里，让他看清自己的真相。

以前，他把错都归在别人身上。但现在他知道，他要对自己的错负大部分责任。很多人在年事渐长之后，都会逐渐认识这个道理。"只有我自己，"拿破仑被放逐之后说，"必须为我的没落负责任。我是我自己最大的敌人——我所有不幸的根源。"

只有杰出的人物才能自我检讨，勇于负责。你想成为他们之中的一分子吗？下一次再听到别人的批评时，别急着跺脚，先想想他的话有没有道理。有道理的话，你应该高兴；没道理的话，那就更不值得生气了。

比尔·盖茨告诫人们："让我们当自己最严格的批评家，在自己见不到的地方，更要衷心欢迎别人的善意批评。"

专注修养自己

求人不如求己，成功来自自我努力。

认为外在环境是造成问题的症结所在，而不从自身寻找问题，这种想法不仅错误，而且造成了问题的产生。一味地寄希望于外界

环境，无异于任凭别人摆布。

正确的做法应该是，先改变个人的行为，做一个更充实、更勤奋、更具创意、更能合作的人，然后再去影响环境。《旧约》里约瑟的故事颇耐人寻味。约瑟 17 岁时就被亲生手足卖到埃及，任何人处在同样的境遇下，都难免自怨自艾，并对出卖及奴役他的人愤愤不平。但约瑟不这么想，他专注于修养自己，不久便成了主人家的总管，掌管所有的产业，备受倚重。

后来，他遭到诬陷，冤枉坐牢 13 年，可他依然不改其志，化怨愤为动力。没过多久，整座监狱便在他的管理之下。到最后，更掌管了整个埃及，成为法老以下、万人之上的大人物。这种境界的确不是一般人所能企及的，可人人都可以为自己的生命负责，为自己创造有利的环境，而不是坐等好运或厄运的降临。

有一家很大的公司，该公司总裁精力旺盛，而且对流行趋势反应极其敏锐。他才华横溢，精明干练，但在管理上却十分独裁。他对部属总是颐指气使，从不给他们独当一面的机会。人人都只是奉命行事的小角色，连主管也不例外。

这种作风几乎使所有的主管离心离德，大多一有机会便聚集在走廊上大发牢骚。乍听之下，不但言之有理而且用心良苦，仿佛全心全意为公司着想。只可惜他们光说不练，以上司的缺失作为坐而言却不起而行的借口。

例如，一位主管说："你绝对不会相信。那天我把所有事情都安排好了，他却突然跑来指示一番。就凭一句话，把我这几个月来的努力一笔勾销，我真不知道该如何再做下去。他还有多久才退休？"

有人答道："他才 59 岁，你想你还能熬 6 年吗？"

"不知道，反正公司大概也不会让他这种人退休。"

然而，有一位主管却不愿意向环境低头。他并非不了解顶头上

司的缺点，但他的回应不是批评，而是设法弥补这些缺失。上司颐指气使，他就加以缓冲，减轻下属的压力。又设法配合上司的长处，把努力的重点放在能够着力的范围内。

受差遣时，他总是尽量多做一步，设身处地地体会上司的需要与心意。假定奉命提供资料，他就附上资料分析，并根据分析结果提出建议。

有一天，一位公司的顾问与该公司总裁交谈，他大为夸赞这位主管。以后再开会时，其他主管依然接到各种指示，唯有这位积极主动的主管，受到总裁征询意见，他的影响圈因此而扩大。

这在办公室造成不小的震撼，那些只知抱怨的人又找到了新的攻击目标。对他们而言，唯有推卸责任才能立于不败之地，因为肯负责，就得不怕失败。为了免于为自己的错误负责，有人干脆把责任推得一干二净。这种人以尽量挑剔别人的错误为能事，借此证明"错不在我"。幸好这位主管对同事的批评不以为意，仍以平常心待之。久而久之，他对同事的影响力也增加了。后来，公司里任何重大决策必经他的参与及认可，总裁也对他极为倚重，并未因他的表现受到威胁。因为他们两人正可取长补短，相辅相成，产生互补的效果。

这位主管并非依靠客观的条件而成功，而是依靠正确的抉择造就了他。有许多人与他处境相同，但未必人人都会注重扩大个人的影响圈。

有人误以为"积极主动"就是强出头、富有侵略性或无视他人的反应，其实不然。积极主动的人只是反应更为敏锐、更为理智，能够切乎实际并掌握问题的症结所在。

第十二章　品质法则：品质是成功之母

品格是人最大的财富

品格是人最大的财富，平凡的能力借助高尚的品格就可以功成名就。一个人即使没有文化，能力平平，且一贫如洗，但只要品格高尚，他总会产生一定的影响，不管他是在车间、在账房、在商场，还是在其他部门。

坎宁在1801年这样写道："我的道路一定是通过品格获得权力，我不会选择其他途径。我坚信这条道路的正确，它虽然不是最快的，但却是最有把握的。"

约翰·罗素爵士有句话道出了这个真理："英国的党派有个特点，请求天才人物的帮助，但遵从高尚者的道路。"

弗兰西斯·霍纳的一生就有力地说明了这一点。悉尼·史密斯认为，人们会前仆后继地跟随霍纳的足迹。

科克本爵士指出："霍纳的价值和启示在于他的一生激励着每一个正直的年轻人。"霍纳38岁去世，但比其他任何人对公众的影响都大。

所有的人都尊敬、热爱、信赖和哀悼他，除了没有良心品格低下的人。在议会中，任何人都没有得到过这样的尊敬。

也许有年轻人要问，霍纳是怎么做到这一点的？是因为他的出身？他只是爱丁堡一个商人的儿子。是因为有钱？也不是，他的亲戚都不富裕。靠官位吗？他只有一个职务，而且只干了几年，并没有什么影响，工资也不多。靠他的能力？而他并不出色，也没有什么天才的东西。他谨小慎微，唯一的目标就是不出差错。靠他雄辩的口才？他语调平和，意味深长，没有咄咄逼人的气势，也不会花言巧语的利诱。是他迷人的风度？他只是不做错事、平易近人而已。那到底是什么呢？靠他的见识、勤劳、克制和善良的品质，这就是他人格的力量。

这种品质不是与生俱来的，也没有什么特别的因素，而是靠他自己的培养。在参议院中，有很多比他更有才华、口才更好的人。但是，没有人的道德价值比他更大。霍纳的一生表明，平凡的能力借助高尚的品格就可以功成名就。因此，品格是人最大的财富。

品格就是力量，它比知识就是力量更为正确。

富兰克林也把他的成功归因于正直诚实的品格，而不是他的才能或演说能力，因为他在这些方面都没有什么出众的地方。他说："人们都很看重我。我口才很差，从来不能口若悬河，有时候还结结巴巴，而且经常出错。不过，我还是能准确地表达自己的意思。"地位低的人和地位高的人一样，品格给人信心。

据说，俄国亚历山大一世的个人品格等于一部宪法。在佛朗德战争期间，蒙田是唯一没有关上城堡大门的法国绅士，据说他的个人品格比一个骑兵团更能给他提供保护。

没有灵魂的头脑，没有德行的知识，没有仁善的聪明，固然是一种力量，但它们是只起坏作用的力量。有些人或许能给我们一些

启发，或者也给我们一些趣味。但你很难尊敬他们，就好比我们对待扒手的敏捷或拦路强盗的马术一样。

诚实、正直和善良，虽然不是命运攸关的东西，但却是一个人品格的本质所在。具有这种品质的人，一旦和坚定的目标结合起来，他就有了无比强大的力量。他就有力量做善事，有力量抵制邪恶，有力量战胜各种困难和不幸。当史蒂芬落入敌人手中的时候，他们冷嘲热讽地问他："现在你的堡垒在哪里？""在这里。"史蒂芬把手放在胸前，勇敢地说。正是在逆境中，他的品格闪烁出了最耀眼的光芒。当所有人都倒下的时候，他凭着自己的正直和勇气巍然挺立。

厄斯金爵士坚持真理，一丝不苟，是值得每一个年轻人铭刻在心的榜样。他说："我青少年时代就坚持一条准则，做我的良心让我做的事情，上帝会有公论。我会一直坚持这条原则，直到走进坟墓。我严格地遵循它，从不抱怨那是一种牺牲。相反，我却从此找到了发财致富的道路。我还会把这条道路指引给我的孩子们。"

诚信是立身创业之本

一个"信"字，从人从言，表示人言可靠，是做人的立身之本。一个守信用的人，体现了一种道德力量和意志力量。在市场经济条件下，信用也是我们必须遵守的公共准则。当我们在合同上、借据上、发票上……签下我们的名字时，我们就是在以自己的人格做出相应的保证。

像乔治·皮博迪一样，在年轻的时候就开始坚持一诺千金，不说一句谎话，并把自己的声誉看做是无价之宝的人已不多见。因此，

乔治·皮博迪受到全世界人的关注，获得了无上的声誉，并赢得了人们的信任。

在 19 世纪中期，有一个正义与诚实的代名词——亚伯拉罕·林肯。

在林肯还没有成为总统的时候，他从事过店员这个职业。一次，他为了及时把零钱还给一位夫人，摸黑跑了约 10 千米的路，而不是等到下次再找那位夫人。这件事体现了林肯诚实的品格，从而使人性中高贵的品质被定位为"诚实的亚伯拉罕·林肯"。

在林肯从事另一个职业——律师的时候，有一次，他在处理一桩土地纠纷案时，法庭要当事人预交 1 万美元，但那个当事人一时还筹不到这么多钱。于是，林肯说："我来替你想想办法。"林肯去了一家银行，和经理说他要提 1 万美元，过两个小时就能归还。经理什么也没说，也没有要林肯填写借据，就把钱借给了他。正是因为林肯具备诚实的品德，经理才如此相信他。

一个人不仅要对他人讲诚信，对自己也要讲诚信。承诺别人的，要信守。承诺自己的，也要信守。真实地面对自己，真实地面对别人，真实地面对社会，不屈从于自己内心的欲望，不屈从于自己内心的恐惧，不掩饰自己的错误，这是不容易的。所谓人无信不立，企业无信不长，社会无信不稳。信用是经济发展的社会基础。唯有建立完善的社会信用体系，遵守市场经济秩序，才是致富的正道。

诚实、守信是无价的。没有诚信，人们就不会相信你，社会就会抛弃你，而信守诚信则是走向成功的必备条件！

在许多成大事者的创业历史上，都把诚实守信作为自己事业的生命来看待，他们相信诚实守信要永远胜过辞藻华丽的广告。把事业建立在诚实信用的基础上，就会取得成功。

"顾客就是上帝，满意的顾客是最好的广告。"这个商业领域信

条很好地体现出那些有着良好服务的商家，同时顾客也会非常乐意向别人推荐这样的商家。

诚实是立业之本。这是一个成功的商人向顾客展示自己的最好手法。他们要抓住每个顾客的心理，使其满意。成功的商人知道，只有满意的顾客才有可能是回头客，才能扩大企业规模。如果顾客对他没有产生信任感，那扩大企业规模将只是一句空话。

有很多银行家十分珍惜对方的信用，他们对那些资本雄厚，但品行不好、不值得信任的人，绝不会放贷一分钱；他们反而愿意把钱借给那些资本不多，但肯吃苦、有诚信心、小心谨慎、时时注意商机的人。

银行只有等到觉得对方实在很可靠，没有问题时，他们才肯向其贷款。在每贷出一笔款之前，一定会对申请人的信用状况研究一番：对方经营是否稳当？能否成功？信用等级如何？

罗赛尔·赛奇说："坚守诚信是成功的最大关键。"任何人都应该懂得：诚信具有无穷无尽的价值。一个人要想赢得他人的信任，就要立下极大的决心，花费大量的时间，不断努力。

勿以恶小而为之。许多人不注意在小事上守信用，比如，借东西不还，与人约会却迟到甚至失约，答应替人办某事却迟迟不见动静……这样的小事多了，别人怎么看你且不说，你自己就会养成不守信用的习惯。以后遇到大事也会失信于人，给自己事业的发展埋下隐患。

不要轻易许诺。真做不到，就真诚地说"不"，这才是诚信的态度。什么事都拍胸脯，或抹不过面子而答应别人，不但给自己增加不必要的负担，而且办不到的结果还会使自己失信于人。当然，这不是说我们不要帮助别人，而是说在做出承诺之前要量力而行。

不能私欲当先。坚守信用就是对人诚实不欺，而要不欺，首先

就要杜绝贪念。有的人借人钱物不还，不是因为经济困难或遗忘，而是存心占人便宜。某些商家做不到"买卖公平，童叟无欺"，是为了赚昧心钱。一个人如果一门心思钻进钱眼里，那"信用"就会成为他任意摆布的一块抹布。从答应替人买紧俏商品或办事，到拿人钱物不还，成为骗子，其间的距离并不遥远。

注意自我修养。与人交易时，必须诚实无欺——这是获得他人信任的最重要条件。要善于自我克制，做事必须诚恳认真，建立起良好的信誉；随时设法纠正自己的缺点；行动要踏实可靠，做到言出必行。

养成良好的习惯。还有一些人平日为人的确诚实可靠，但他们有一个毛病，那就是对任何事情都太马虎，这样就容易在不知不觉中使自己的信用丧失。比如，他们明明在银行里的存款已经不多，却还是开出了一张超额的支票，结果害得收款人到银行碰壁。如果这样做生意，他的信用将会丧失殆尽。

诚信是一面镜子，能映照出你性格中的许多闪光点。这比获得财富更重要，比拥有美名更持久。

意志让人更坚强

有了决心，就可以克服前进道路上的障碍，就可以取得最后的成功。我们心想什么，就可以做成什么；相信我们能成功，我们就能成功。因此，决心就是无穷的力量。

苏瓦罗的力量就在于他的意志。他总是对失败的人说："你缺乏意志。"像黎塞留和拿破仑一样，在苏瓦罗的字典里也没有"不可

209

能”这一说。

“我不知道”“我不能”和“不可能”是他最深恶痛绝的字眼。他会大喊："去学！去做！去试！"他的传记中说，他给人们树立了一个光辉的榜样。同时，说明勤奋努力在一个人身上所能发挥的巨大作用，而勤奋是每个人身上都有的东西。

拿破仑有一句他最喜欢的名言："真正的智慧就是坚定的决心。"他的一生生动地说明了坚强的意志和坚定的信心的重要作用。他把全部的精力都放到他的事业上。有人报告说，阿尔卑斯山挡住了军队前进的道路。拿破仑下令说："清除这个障碍。"于是，一条穿过辛普伦的道路被开辟出来。在这之前，这里可是无法通行的天堑。他是个很能干的人，有时候能累垮四个秘书。他让大家马不停蹄地工作，连他本人也不例外。

然而，拿破仑的自私最终毁掉了他，也毁掉了法兰西，使之成为无政府状态的牺牲品。拿破仑的一生给我们留下的教训是：尽管一个人精力充沛，但如果缺乏仁义之心，对统治者和被统治者来说都是致命的。同时也说明，如果只有知识和见识，而没有德行，那他也只能是恶的代言人。

世上大多数人都不是天才，他们之所以成功，是因为他们具备了成功的意志。

印度诗人泰戈尔曾经说过："你应该不顾一切纵身跳进你那陌生的、不可知的命运，然后以大无畏的英勇把它完全征服，不管有多少困难向你挑战。"

这就是一种挑战人生的魄力，一种透视出人的魄力的体现。

在最苦的工作中，更能锻炼与体现一个人的意志。在很多时候，正是因为我们的这些艰苦的努力，让我们变得越来越坚强，也越来越强大。

一直以来，迈克都希望能在阿拉斯加的一艘渔船上工作一个夏天。于是，在 1942 年的夏天，他签约上了阿拉斯加科地亚克的一艘 32 尺长的鲑鱼拖网渔船工作。在这艘船上，只有 3 名船员：船长负责督导，一个副手协助船长工作，剩下的那一个则是日常打杂的水手，通常都是北欧人，而他正是北欧人。由于鲑鱼拖网必须配合潮汐进行，他经常连续工作 24 小时。

有一次，他整整如此工作了一个星期。他做的是其他人不愿意干的工作。他洗船甲板，保养机器，还在小船舱里用一个烧木头的小火炉煮饭。小船舱里，马达的热气和污浊的空气令他作呕。他还要修船，把鲑鱼从他们的船运到另一艘小船上，送去制罐头。他穿着长筒胶鞋，但双脚总是湿湿的。他的胶鞋里面经常有水，但他没有时间将水倒出来。上述这些工作跟他的主要工作比起来，只算是游戏而已。他的主要工作即是所谓的"拉网"。这个工作看起来很简单——只要站在船尾，把渔网的浮标和边线拉上来即可——他的工作就是如此。但是，实际上，渔网太重了，当他想把它拉上来时，它却动也不动。他想把渔网拉上来，但实际上却把船本身拉下去了。由于渔网动也不动，他只好用尽力量沿路拖着不放。这样做了好几个星期，几乎把他累死了。他浑身疼得厉害，而且一连疼了好几个月。

最后，当他好不容易有时间休息时，他在一个临时凑成的柜子上铺下潮湿的被褥，然后倒头就睡，他浑身上下无处不疼——但他却熟睡得像服用了安眠药——极度的劳累就是他的安眠药。

他很高兴当初吃了那些苦头，现在一旦遭遇了困难，他也不再烦恼。他反问自己："艾利克森，这会比拖网更辛苦吗？"他总是回答说："不，没有什么事情比它更苦。"于是，他振作起来，勇敢地接受挑战。偶尔尝试一下痛苦是件好事，他很高兴做过世界上最辛苦的工作，使得他的所有日常问题与它比较起来都变得微不足道。

的确，暂时的痛苦可以很好地磨炼并体现一个人的意志，使他在日后的困难面前振作起来，变得更加坚强。

责任成就人生

美国总统林肯曾这样说过："我对全美国人，对基督世界，对历史，而且，最后，对上帝负责。"林肯成就了自己的伟大人生，得到了世人的尊敬与敬仰。应该说，这与他的责任感不无关系。

人活在世上，不免要承担各种责任。我们的责任心，最基础的体现可能就是在家庭中。

责任就是对自己要去做的事情有一种爱，因为这种爱，责任本身就成了生命意义的一种实现，就能从中获得心灵的满足。相反，一个不爱家庭的人怎么会爱他人和事业？一个在人生中随波逐流的人怎么会坚定地负起生活中的责任？这样的人往往把责任看做是强加给他的负担，看做是个人纯粹的付出而索求回报。

一个不知对自己的人生负有什么责任的人，甚至无法弄清他在世界上的责任是什么。有一位小姐向托尔斯泰请教，为了尽到对人类的责任，她应该做些什么。托尔斯泰听了非常反感，并因此想到：人们为之受苦的巨大灾难就在于没有自己的信念，却偏要做出按照某种信念生活的样子。当然，这样的信念只能是空洞的。

更常见的情况是，许多人对责任的关系确实是完全被动的。他们之所以把一些做法视为自己的责任，并不是出于自觉的选择，而是由于习惯、时尚、舆论等原因。譬如说，有的人把偶然却又长期

从事的某一职业当做自己的责任，从不尝试去拥有真正适合自己本性的事业；有的人看见别人发财和挥霍，便觉得自己也有责任拼命挣钱花钱；有的人十分看重别人，尤其是上司对自己的评价，于是谨小慎微地为这种评价而活着。由于他们不曾认真地想过自己的人生究竟是什么，在责任问题上自然也就非常盲目。

我们要做一个对家庭负责的人。如果一个人能对自己的家庭负责，那么，在包括婚姻和家庭在内的一切社会关系上，他对自己的行为都会有一种负责的态度。如果一个社会是由这样一些对自己的人生负责的成员组成的，这个社会就必定是高质量的、有效率的。

勇于做一个负责的人，就必须做到在任何时候不迁怒于他人，这也是一个人成熟的标志。美国的教育学家约翰逊有一个刚学会走路的小女儿，有一天她搬着小椅子到厨房里，想要爬到冰箱上去。约翰逊急忙冲过去，但已经来不及在她跌倒之前扶住她。当他把她扶起来时，她狠狠地踢了那把椅子一脚，喊道："坏椅子，害得我跌了一跤。"你会在小孩子那里常常听见这样的借口。小孩子只会率性而为，为自己的过错迁怒于没有生命的东西或是无辜的旁观者。对他们来说，这是正常的行为。但是，如果我们将这种小孩子的反应带到成年时，麻烦就来了。自从有人类以来，因为自己的失败和过错而责怪他人的现象一直存在着。甚至亚当也以责怪夏娃来作为借口："是这个女人引诱我吃禁果的。"

成熟的第一步是自己负责任，要确信自己已经不再是一个跌倒了便找把椅子来踢的小孩子了。直面人生，自己就要负起责任来。当然，不这样做则容易多了。责怪我们的父母、丈夫、妻子、子女、老板比较容易，我们甚至可以责怪祖先、政府。如果我们还需要一个借口的话，甚至可以责怪幸运之神。

对不成熟的人来说，他们的缺点和不幸总是有理由的——当然，

都是除了他们自身之外的理由：他们有一个悲惨的童年，他们的双亲太穷了或太富有了，对他们的管教太严厉或太放纵了，他们没受过教育，他们总是受体弱多病的折磨等。

当我们做到了遇到失意的事，不迁怒于他人后，就要试着去敢于承担责任。只有勇于承担责任的人，才能得到别人的信任和支持。

英国女教师杰西卡的班上有一位学员，有一天在其他的学员走了以后来找她。他们那天在课上训练学生记人名。这位女学员对她说："尊敬的老师，我希望你不要指望能改进我对人名的记忆力，这是绝对办不到的事情。"

"为什么？"杰西卡问她。

"这是遗传的，"她回答，"我们全家人记忆力都不好。我的记忆力是我父母遗传给我的。因此，你要知道，我这方面不可能有什么进步。"

"凯丽，"杰西卡说，"你的问题不是遗传，是懒。你觉得责怪你的家人比用心改进自己的记忆力要来得容易。请坐下来，我会证明给你看。"

接下来的几分钟，她训练这位学生做几个简单的记忆练习。由于她专心练习，效果很好。杰西卡花了一些时间才消除了她认为无法将脑筋训练得比前辈好的想法，不过她很高兴她做到了，终于学会了改进自己的记忆力，而不是找借口。

善待他人就是善待自己

人际关系的成功与你能否善待别人有很大的关系。一个乐于助人、愿意帮助别人的人，人们都愿意与之交往做朋友，自己也能从中受益。可是，天底下的人们绝大多数只注意自己的需要，不会善待他人，不知道给予别人什么，只提及自己不同的需求。这是多么幼稚、荒唐。不错，你注意的当然是自身的需要。但除了你自己，可能再也没有人对你感兴趣了。

善待他人就是善待自己。在没有这种觉悟的人看来，这明明是帮别人，自己并没有从中受到什么恩惠。其实，一个人在帮助别人时，无形之中就已经投资了感情。别人对于你的帮助会永记在心，只要一有机会，他们会主动报答的，这正是你所希望的最好的人际互动。

在一个寒冬的夜晚，一对中年夫妇带着一个受伤的小孩子到一个小旅店来投宿。在这天寒地冻的夜晚，找房是相当困难的。这间小旅店早就客满了。"这已是我们寻找的第十六家旅社了，这鬼天气，到处客满，我们该怎么办呢？"这对中年夫妻望着店外阴冷的夜晚发愁地说。

店里的小职员看在眼里急在心里，怕他们被冻坏，便建议说："如果你们不嫌弃的话，今晚就住在我的床铺上吧。我自己在店堂里打个地铺。"这对夫妻非常感激，第二天要照店价付客房费，小职员坚决拒绝了。临走时，中年夫妻开玩笑地说："你将来必能成大器。"

"那正是我追求的梦想，谢谢您。"他随口答应着，并坚持送他

们一家三口走出很远。

三年后的一天，小职员的柜台上放着一封发自纽约的信函，信中夹有一张往返纽约的双程机票，信中邀请他去拜访当年那对睡他床铺的三口之家。于是，小伙计来到繁华的大都市纽约。中年夫妻把小伙计引到第五大街和三十四街交汇处，指着那儿的一幢摩天大楼说："这是一座专门为你兴建的星级宾馆，现在我们正式邀请你来当总经理。"

年轻的小伙计因为一次友善的助人行为，实现了自己的梦想，这就是著名的奥斯多利亚大饭店经理乔治·波菲特和他的恩人威廉先生一家的真实故事。

能设身处地地为他人着想，了解别人心里想些什么的人，永远不用担心自己的未来。任何一种真诚而博大的爱，都会在现实中得到应有的回报。你铺就的良好人缘，将会给你以莫大的帮助。卡耐基曾在演讲中讲了这样一个动人的故事：

一个穷苦的小男孩，身着单薄的衣衫，被冻得瑟瑟发抖。他为了攒学费不得不每天这样上街推销商品。劳累了一整天的他此时感到十分饥饿，但摸遍全身，却只有一角钱。怎么办呢？他决定向下一户人家讨口饭吃。当一位美丽的女孩打开房门的时候，这个小男孩却有点不知所措了。他没有要饭，只乞求给他一口水喝。这位女孩看到他很饥饿的样子，就拿了一大杯牛奶给他。之后，小男孩问这需要多少钱，小女孩则回答说，妈妈教育我要对人施以爱，不必付一分钱。小男孩十分感激地说："请接受我由衷的祝福吧！"说完，男孩离开了这户人家。此时，他不仅感到自己浑身是劲，也感到自己将有美好的未来。他放弃了退学的念头，要把书继续念下去，一定要取得好成绩。

转瞬间数年过去了，有一位美丽的女孩得了重病。她被转到大

城市，由专家们会诊治疗。

当年的那个小男孩如今已是大名鼎鼎的霍华德·凯利医生了，他也参与了医治方案的制订。当他从病历上看到那女孩的来历后，若有所感，就又转身去了病房。凯利医生一眼就认出床上躺着的病人就是那位曾帮助过他的恩人。他回到自己的办公室，决心一定要竭尽所能来治好恩人的病。经过他严格而精心的治疗，这个女孩奇迹般地康复了。

凯利医生要求把医药费通知单送到他那里，在通知单的旁边，他签了字。当医药费通知单送到这位特殊的病人手中时，她不敢看，因为她确信，治病的费用将会花去她的全部家当。最后，她还是鼓起勇气，翻开了医药费通知单，旁边的那行小字引起了她的注意，她还轻声读了出来："医药费———满杯牛奶。霍华德·凯利医生。"她叫起来，"原来是他——数年前的那个小男孩。"

在现实生活中，这种所谓的"因果报应"，只不过是心存感激的受惠者对施惠者的一种报偿而已。善待他人，就是善待自己，这会使别人和你更加幸福美满。

学会分享，收获快乐

给予是快乐的源泉，为别人带来快乐的同时，我们自己也会处于快乐的包围之中。快乐是可以分享的，你给别人带来了快乐，你分享给别人的东西越多，你获得的东西也会越多。

下面是一个关于动物的故事。

树上落了一只嘴里衔着一大块食物的乌鸦，追踪这块肉的乌鸦

成群而来。它们全都落下来，一声不响，一动不动。那只嘴里叼着东西的乌鸦已经很累了，很吃力地喘息着，它不可能一下子就把这一大块东西吞下去，它也不能飞下去，在地上从容不迫地把这块东西啄碎。那样的话，乌鸦们会猛扑过去，就要开始一场通常所说的混战了。它只好停在那儿，保卫嘴巴里的那块东西。

也许是因为嘴里叼着东西呼吸困难，也许是因为它被大家追赶，已经弄得筋疲力尽——只见它摇晃了一下，突然失落了叼着的那块东西。

所有的乌鸦都猛扑上去，在这场混战中，一只非常机灵的乌鸦抢到了那块东西，立刻展翅飞去。这当然是另一只乌鸦——头一只被追赶得筋疲力尽的乌鸦也在跟着飞，但已明显地落在大家的后面了。

结果是第二只乌鸦也像第一只一样，弄得筋疲力尽，也落到一棵树上，也是终于失落了那块东西，于是又是一场混战，所有的乌鸦又去追赶那个幸运儿……

请看，乌鸦的处境多么可怕，而这只是因为它一切只为了自己。

不会与别人分享，最终的结果就是自己也享受不到。快乐分给大家就会成倍地增加。相反，如果紧握住不放，就会有别人嫉妒你的快乐。

从前有个国王，非常疼爱他的儿子，总是想方设法满足儿子的一切要求。可即使这样，他的儿子却总是整天眉头紧锁，面带愁容。于是，国王便悬赏寻找能给儿子带来快乐之能士。

有一天，一个大魔术师来到王宫，对国王说有办法让王子快乐。国王很高兴地对他说："如果你能让王子快乐，我可以答应你的一切要求。"

魔术师把王子带入一间密室中，用一种白色的东西在一张纸上

写了些什么交给王子，让王子走入一间暗室。然后燃起蜡烛，注视着纸上的一切变化，快乐的处方会在纸上显现出来。

王子遵照魔术师的吩咐而行，当他燃起蜡烛后，在烛光的映照下，他看见纸上那白色的字迹化作美丽的绿色字体："每天为别人做一件善事！"王子按照这一处方，每天做一件好事。当他看见别人微笑着向他道谢时，他开心极了。很快，他就成了全国最快乐的人。

俄国诗人涅克拉索夫的长诗《在俄罗斯，谁能幸福和快乐》中写道：诗人找遍俄国，最终找到的快乐人物竟然是枕锄瞌睡的农夫。是的，这位农夫有强壮的身体，能吃能喝能睡，从他打瞌睡的眉目里和他打呼噜的声音中，便流露出由衷的开心。这位农夫为什么能开心？不外乎两个原因：一是知足常乐，二是劳动能给人带来快乐和开心。正是因为农夫付出了能让别人快乐的劳动，他才能成为最快乐的人。付出最多的人，往往获得也最多。朋友，把你的快乐和幸福与别人分享吧，你分给别人的快乐越多，你获得的快乐也越多。

尊重交往的每个对象。孟德斯鸠说：人生而平等，根本没有高低贵贱之分。我们没有权力借后天的给予对别人颐指气使，也没有理由为后天的际遇而自怨自艾。在人之上，要视别人为人；在人之下，要视自己为人。这是做人的一种基本姿态，也是为人的原则之一。因此，在任何时候，我们都应该摒弃对他人的狭隘与偏见，平等地待人。

玫琳·凯是美国著名的管理专家，在她成名之前曾是一家化妆品公司的推销员。

有一次，她参加了一整天的销售练习，渴望能和销售经理握握手。那位经理刚刚作了一场十分鼓舞人们士气的演讲。玫琳整整排了3个小时的队，好不容易才轮到她和那位经理见面。但遗憾的是，那位经理根本没有拿正眼看她，只是从她的肩膀上方望过去，看看

队伍还有多长，甚至根本没有察觉他应与玫琳握手。玫琳等了3个小时，就获得这样的一个接待。她觉得人格上受到了侮辱，面子受到了伤害。于是，她立志做一个经理："如果有一天人们排队来和我握手，我将给每一个来到我面前的人全然的注意——不管我当时多么疲劳。"

后来，玫琳·凯的愿望真的成为现实，以她自己名字命名的化妆品公司终于成为一家具有相当规模的大企业，也有很多她的慕名者来找她握手。她确实始终坚持她以前曾发过的誓言。她说："我有很多次站在长长的队伍前，与各种人士作长达数小时的握手。一旦感觉疲劳了，我总是想起自己从前排队和那位经理握手的情形，一想起他不正眼瞧我给我带来的伤害，我立即打起精神，直视握手者的眼睛，尽可能地说些比较亲近的话……"

在人之上，要视别人为人；在人之下，要视自己为人。这不仅是一个心态的问题，也是一个道德的问题。其实，一个人对另一个人的态度在现实生活中的重要性是不言而喻的。

一天晚上，闲着无事的艾森豪威尔在营帐外散步。他看见一个士兵正在营帐背后黯然神伤，便走了过去，"嗨，看来我们是同病相怜啊！我的心情也特别不好，我们可以一起走走吗？"士兵看到艾森豪威尔的突然出现，原本很紧张，可万没想到这位尊敬的将军竟在他最需要朋友倾诉的时候会来邀他散步，自然感到万分荣幸。他们的谈话也很放松，用这位士兵的话说："那天晚上他不再是指挥千军万马的将军，我也不再是默默无闻的小兵，我们是无所不谈的朋友。"正是那次谈话，使这个一向都很悲观的士兵乐观了起来，在以后的战斗中显示了出奇的英勇。

著名的成功学者戴尔·卡耐基在谈到人际交往时也曾提道：过分自卑、缺乏自信心的人，对人际关系谨小慎微、过于敏感的人，

对他人批评过分的人以及完成工作任务后过分自夸的人，都不善于
与人交往。卡耐基曾指出："指责和批评收不到丝毫效果，只会使别
人加强防卫，并且想办法证明他是对的。批评也很危险，会伤害到
一个人宝贵的自尊，伤害到他自己认为重要的感觉，还会激起他的
怨恨。"所以，他建议不要指责别人，而要"试着了解他们，试着揣
摩他为什么做出他做的事情。这比批评更有益处和趣味，并且可以
培养同情、容忍和仁慈。"

富兰克林说，他做外交官成功的秘诀是："尊重任何交往对象。
我不会说任何人的缺点……我只说我认识的每一个人的优点。"

助人也是助己

一艘货轮在烟波浩渺的大西洋上行驶，一个在船尾搞勤杂的黑
人小孩不慎掉进了波涛滚滚的大西洋。孩子大喊救命，无奈风大浪
急，船上的人谁也没有听见，他眼睁睁地看着货轮托着浪花越来越
远……

求生的本能使孩子在冰冷的水里拼命地游，用全身的力气挥动
着瘦小的双臂，努力使头伸出水面，睁大眼睛盯着轮船远去的方向。

船越来越远，船身越来越小。到后来，什么都看不见了，只剩
下一望无际的汪洋。孩子力气也快用完了，实在游不动了，他觉得
自己要沉下去了。"放弃吧！"他对自己说。这时候，他想起了老船
长那张慈祥的脸和友善的眼神。不，船长知道我掉进海里后，一定
会来救我的！想到这里，孩子鼓足勇气，用生命中的最后力量又朝
前游去……船长终于发现那黑人孩子失踪了，当他断定孩子是掉进

海里后，下令返航，回去找。这时，有人规劝道："这么长时间了，就是没有被淹死，也让鲨鱼吃了……"船长犹豫了一下，还是决定回去找。又有人说："为一个黑奴孩子，值得吗？"船长大喝一声："住嘴！"

终于，在那孩子就要沉下去的最后一刻，船长赶到了，救起了孩子。

当孩子苏醒过来之后，跪在地上感谢船长的救命之恩时，船长扶起孩子问："孩子，你怎么能坚持这么长时间？"

孩子回答："我知道您会来救我的，一定会的！"

"怎么知道我一定会来救你的？"

"因为我知道您是那样的人！"

听到这里，白发苍苍的船长扑通一声跪在黑人孩子面前，泪流满面："孩子，不是我救了你，而是你救了我啊！我为我在那一刻的犹豫而深感耻辱……"

一个人能被他人相信，也是一种幸福。他人在绝望时想起你，相信你会给予拯救更是一种幸福。他人眼中的诚信，可以帮助我们救赎灵魂，这该是什么样的神奇力量啊！

拉尔夫·沃尔都·爱默生说："人生最美丽的补偿之一，就是人们真诚地帮助别人之后，同时也帮助了自己。"

第十三章　细节法则：细节是成功的阶梯

成功是细节的积累

很多人把自己不能成功的原因归结为自己运气不好，却不明白成功是平时细节的积累。

有这样一则故事。

张骥是位北京小伙子，在刚刚过完 29 岁生日的时候，就被美国第七大计算机厂商 Micron 看中，出任 Micron 电子公司北京代表处首席代表——中国区总经理。这在年轻干部居多的计算机行业也是令人称奇的事。而在此之前，张骥不过是该公司驻北京办事处的一名普通员工。更不利的是，Micron 公司正准备撤销在中国的这家办事处。运气好像从天而降，1999 年 11 月，在何去何从的关口，公司总部召他去开会。

为什么公司会招他去开会呢？一则因为他的领导闻听办事处要撤销，已另觅高枝；二则是这个年轻小伙子曾给前来中国巡视的公司老总留下深刻印象。张骥提着笔记本电脑就上了飞机，对于与会人员、会议内容一无所知。在飞机上，他一直在琢磨，仔细研究了

Micron 近两年的年度报告。十多个小时之后，当飞机抵达机场的时候，他已经做出了 Micron 公司在中国两年内的发展计划。

这份计划的完成，与张骥平时养成的喜欢积累心得体会的习惯是分不开的。他总认为，即使和别人做同样的事情，也要比别人从中多收获一点，对于做过的事情总要留下点什么。

会前 5 分钟，张骥被要求当着 Micron 公司的所有海外分公司总经理和 Micron 公司总裁的面发言。这次突然袭击的结果是他改变了年收入 60 亿美元的公司的决策，也给自己带来了新的机遇。

公司决定不仅不撤回这个办事处，而且还要加强在中国的发展，并对张骥委以重任。在关键时刻，张骥取得了胜利。但这也使他懂得，机会从来只是青睐那些有准备的头脑。

"只见贼吃肉，不见贼挨打。"同样的道理，在许多人的眼中，别人的成功只是一种偶然，一种运气，他们不可能看到人家平时所下的工夫。他们总在奢求那样的好运气，也从天而降，落到自己头上。试想，年轻的小伙子张骥如果平时没有充分的积累，他怎么可能在飞机旅途中这短暂时间内做出一份科学的发展计划，说服公司收回撤销办事处的成命，并使自己升任首席代表呢？

"自立者，天助之"，这是一句很好的格言。上天从来不会帮助懒汉，成功并不是靠运气，没有平时的积累和总结，当机会来临的时候，只能一次又一次地与之错过重来。

细节决定成败

无论做人、做事，都要注重细节，从小事做起。我们的古人就提倡"天下大事，必作于细；天下难事，必成于易"。已故总理周恩来就一贯提倡注重细节，他自己也是关照小事、成就大事的典范。不论什么事，实际上都是由一些细节组成的。

我们纵观中外许多企业家的成功之道，他们之所以能有杰出的成就，往往是管理层把细节的竞争贯彻于整个产品开发的始终。细节的竞争既是成本的竞争，工艺、创新的竞争，也是各个环节协调能力的竞争。从另一个层面上说，也就是人才的竞争。托尔斯泰曾说过：一个人的价值不是以他的数量而是以他的深度来衡量的，成功者的共同特点，就是能做小事情，能够抓住生活中的一些细节。

海尔总裁张瑞敏曾说：把每一件简单的事做好就是不简单；把每一件平凡的事做好就是不平凡。海尔集团"严、细、实、恒"的管理风格，把细和实提到了重要的层次上，以追求工作的零缺陷、高灵敏度为目标，把管理问题控制解决在最短时间、最小范围，使经济损失降到最低，逐步实现了管理的精细化，消除了企业管理的所有死角，大大降低了成本材料的消耗，使管理达到了及时、全面、有效的状况，每一个环节都能透出一丝不苟的严谨，真正做到了环环相扣、疏而不漏。而近些年不少公司的大起大落也在于，虽其规章制度不可谓不细、不严、不实，但往往说在口上、定在纸上、订在墙上，就是落实不到行动上。真所谓成也细节，败也细节，一心渴望伟大、追求伟大，伟大却了无踪影；甘于平淡，认真做好每个

细节，伟大却不期而至。这也正是细节的魅力。

在当今激烈竞争的市场中，怎样才能使企业始终立于不败之地呢？可以说，答案就是：细节决定企业竞争的成败。这主要也是由两个原因造成：其一，对于战略面、大方向，角逐者们大多已经非常清楚，很难在这些因素上赢得明显优势；其二，现在很多商业领域已经进入微利时代，大量财力、人力的投入，往往只为了赢取几个百分点的利润，而某一个细节的忽略却足以让有限的利润化为乌有。而看看今天我们的国人，大而化之、马马虎虎的毛病似乎仍然还是不绝于耳，社会上"差不多"先生比比皆是，好像、几乎、似乎、将近、大约、大体、大致、大概等，成了"差不多"先生的常用词。就在这些词汇一再使用的同时，生产线上的次品出来了，矿山上的事故频频发生，社会上违章乱纪，不讲原则的事情也屡禁不止。而与"差不多"的观念相应的，是人们都想做大事，而不愿意或者不屑于做小事。但事实上，芸芸众生能做大事的实在太少，多数人的多数情况总还只能做一些具体的事、琐碎的事、单调的事。也许过于平淡，也许鸡毛蒜皮，但这就是工作，是生活，是成就大事的不可缺少的基础。随着经济的发展，专业化程度越来越高，社会分工越来越细，也要求人们做事认真、精细，否则会影响整个社会体系的正常运转。一辆小汽车有上万个零件，需上百家企业生产协作；一架飞机有几百万个零部件，涉及的企业单位更多。我国前些年澳星发射失败也就是细节问题：在配电器上多了一块0.15毫米的铝物质，正是这一点点铝物质导致澳星爆炸。所以，无论做人、做事，都要注重细节，从小事做起。

万事之始，事无巨细。好多事情看起来是微不足道的小事，而且还是一些与所有的大事无关的，可这小事会带来一系列连锁反应，最终决定着事情的成功与失败。有三个人去一家公司应聘采购主管。

他们当中一人是某知名管理学院毕业的，一名毕业于某商院，而第三名则是一家民办高校的毕业生。在整个应聘过程中，他们经过一番测试后，在专业知识与经验上各有千秋，难分伯仲。随后，招聘公司总经理亲自面试。他提出了这样一道问题，题目为：假定公司派你到某工厂采购 4 999 个信封，你需要从公司带去多少钱？

几分钟后，应试者都交了答卷。

第一名应聘者的答案是 430 元。

总经理问："你是怎么计算呢？"

"就当采购 5 000 个信封计算，可能是要 400 元，其他杂费就算 30 元吧！"答者对应如流。

但总经理却未置可否。

第二名应聘者的答案是 415 元。

对此，他解释道："假设 5 000 个信封，大概需要 400 元，另外可能需用 15 元。"总经理对此答案同样没表态度。

但当他拿第三个人的答卷，见上面写的答案是 419.42 元时，不觉有些惊异，立即问："你能解释一下你的答案吗？"

"当然可以，"该同学自信地回答道，"信封每个 8 分钱，4 999 个是399.92元。从公司到某工厂，乘汽车来回票价 10 元。午餐费 5 元。从工厂到汽车站有一里多路，请一辆三轮车搬信封，需用 3.5 元。因此，最后总费用为 419.42 元。"

总经理不觉露出了会心一笑，收起他们的试卷，说："好吧，今天到此为止，明天你们等通知。"

在很多人看来，这场应聘的结果都是很容易判断的。然而，事情却恰巧相反。应聘者经过一番测试后，留下的却是那个民办高校的毕业生。

其实，工作就是由无数琐碎、细致的小事组成的，人们也是在

227

这无数平凡的小事中创造着不平凡的业绩。这种重视细节的态度无论对个人和企业都是有益的。

当宝洁公司刚开始推出汰渍洗衣粉时，市场占有率和销售额都以惊人的速度向上飙升。可没过多久，这种强劲的增长势头就逐渐放缓了。宝洁公司的销售人员非常纳闷，虽然进行过大量的市场调查，但一直都找不到销量停滞不前的原因。

于是，宝洁公司召集很多消费者开了一次产品座谈会。会上，有一位消费者说出了汰渍洗衣粉销量下滑的关键，他抱怨说："汰渍洗衣粉的用量太大。"

宝洁的领导们忙追问其中的缘由，这位消费者说："你看看你们的广告，倒洗衣粉要倒那么长时间，衣服是洗得干净，但要用那么多洗衣粉，算计起来更不划算。"

听到这番话，销售经理赶快把广告找来，算了一下展示产品部分中倒洗衣粉的时间，一共 3 秒钟，而其他品牌的洗衣粉，广告中倒洗衣粉的时间仅为 1.5 秒。也就是在广告上这么细小的一点疏忽，对汰渍洗衣粉的销售和品牌形象造成了严重的伤害。这是一个细节制胜的时代，对于自己的工作无论大小，都要了解得非常透彻。数据应该非常准确，事实也应该非常真实，这样才能脚踏实地地完成宏伟的目标。

美国绝大部分企业家都知道一些十分精确的数字：比如全国平均每人每天吃几个汉堡包、几个鸡蛋。之所以要了解得这么清楚，是因为他们想确保细节上多方面的优势，不给竞争者可乘之机，哪怕是一些细枝末节的漏洞。

只要保证产品在一比一的竞争中获胜，那么整个市场的绝对优势就形成了，而这些恰恰是市场拓展的精髓所在。要打败对手，唯有做到比对手更细！

在市场竞争日益激烈残酷的今天，任何细微的东西都可能成为"成大事"或者"乱大谋"的决定性因素。家乐福单是在选择商圈上就可谓细致入微，它通过 5 分钟、10 分钟、15 分钟的步行距离来测定商圈；用自行车的行驶速度来确定小片、中片和大片；然后对这些区域再进行进一步的细化，某片区域内的人口规模和特征，包括年龄分布、文化水平、职业分布以及人均可支配收入等。如此细微的规划和考察，是家乐福一直保持在零售业第一梯队的关键原因之一。

类似的以细节取胜的经营之道逐渐成为一种流行的趋势。例如，很多餐厅准备了专供儿童使用的"baby 椅"，客人吃完螃蟹后姜茶便端送到其手中；商场在晚上关门前会播放诸如《回家》之类的音乐，让客人在萨克斯的情调中把轻松带回家……

在这么多例子中，能够把细节服务做到极致的是诺顿百货公司，这家由 8 家服装专卖店组成的百货公司，靠的就是细节服务取胜而不是削价赢利的竞争策略。

小事情决定大趋势

当代社会最让人惊慌害怕的是什么？是肉眼看不到的细菌，是至今人们尚未认清的癌细胞，是无法医治的艾滋病毒。

历史记载的许多胜者王侯败者贼，兴兴衰衰朝代事，感人的都是那些生在枝枝权权间曲环交错的细节。有些片段，当时看着无关紧要，事实上却牵动了大局。

中国历朝历代发生的"巨堤容蝼"而致"漂邑杀人""突泄一

星"而致"焚宫烧积"的事，实在是太多了。

小的决定大的。百姓开门七件事，柴米油盐酱醋茶，没有一个是经国大计，却为任何一个当政者所不能忽视。一场疯牛病，几乎颠覆了英伦三岛。

中国古典文学巨著以大开大合的情节见长，但感人肺腑，让人记下的却是"石卵化猴""桃园结义"，以及"玉在匣中""钗在奁内"这些生动的细节。

世界获诺贝尔奖的各个门类的巨匠，无不是从大千世界拾捡珍珠的高手。我常常惊异于物种生命的传承，几乎所有动植物繁衍的种子，都是核儿，很小很小的，风可以刮着走，鸟儿可以用嘴衔，被人不经心就可以忽略甚至弃丢的，却负载着生物自然的最伟大的传承。

任何庞然大物都不能忽略小，只有小才是最具繁衍力的。从苹果落地发现地心引力，到开水冒气引发的蒸汽机的利用，无不是由偶发思端的小事影响整个世界的。正是由于近代科学发现了最小的物质颗粒，电子、质子、中子、光子，人类才浩荡地走过 20 世纪，快速发展到今天。

一位生活在硅谷世界的人告诉我，微电子技术的诞生和发展，是从最初集成电路只包含几个几十个元器件，发展到一个小小硅片上可以制作出几十万个上百万个元件，形成微型电子电路的。正是这个微型电子电路，带来当今世界飓风般的各种生产方式大规模乃至超大规模变化。

由此可见，未来最终改变我们这个世界、影响人们生活的，不在宇宙，乃在毫微。

小的不仅仅是美好，而且关键时刻它孕育着一种与命运相关的改变。

傅聪三四岁，头刚好伸到和书桌一样高的时候，一次听古典音乐格外出神的状态，让他父亲傅雷发现，从此让他弃学其他而改学钢琴，成了伟大的钢琴家。

张艺谋初入社会，在生活的最底层当弹棉花的辅助工，整天和杂质粉尘、棉花飞絮打交道，戴上三层口罩，下了班嘴里面也都是黑的。那时候，仅仅为了调节生活，他买了台照相机。怎么也没想到就是这台小小的照相机，后来竟在他报考北京电影学院时派上用场，帮他拿下了通往艺术殿堂的通行证。从此，陕西少了一个苦力，中国则多了一个让世界刮目的电影导演。

"文化大革命"中，一位职业处理各种死亡验尸的人告诉我："文革"中自杀的人很多，但就他亲手经历的众多案件看，很少是因为大事、因为挨批斗自杀的。他说，人不会因为这样的事死，一口气顶着，再苦再难也要活下来，要看到最后，本来身体有点毛病的，在特殊情况下也挺下来了。相反，倒是因为一些鸡毛蒜皮的小事咽不下，离开这个纷乱世界的很多。

小事致命，小事致走向，小事致生死，现实生活依然如此。

搞土地经营的现代农民都知道，适应入世的农业结构改革，让蔬菜卖上大价钱，要从买来日本樱桃西红柿、以色列彩椒、荷兰小黄瓜、韩国金皮西葫的种子开始，以小易大，进行变种。我看过一个农业科技开发公司的基因培育，那是台湾的蝴蝶兰，将一只兰叶或兰茎，切成肉眼刚刚能见的米粒大小的若干碎块，放进养殖杯里，40天后成活，每个小碎块即是一棵。东丽一个村子节能温室里，如绿色王国般的18万盆珍贵的台湾蝴蝶兰，都是这么养殖的。基因培育，实在太厉害了。

美国的麦当劳，就是从吸引小孩，改变幼年的饮食入手，从小让你喜欢我这种快餐方式，然后到你上学长大，多少年，仍然光顾我。这是真正做不起眼的大买卖！

小时候，听老师讲概念，总是由大往小讲，1 小时有 60 分，1 分钟是 60 秒；没有最小的秒哪来的分？没有分哪来的时？正如老子所说：千里之行，始于足下，合抱之木，生于毫末。

小不忍则乱大谋

"小不忍则乱大谋"，这句话在民间极为流行，甚至成为一些人用以告诫自己的座右铭。有志向、有理想的人，不应斤斤计较个人得失，更不应在小事上纠缠不清，而应有开阔的胸襟和远大的抱负。只有如此，才能成就大事，从而实现自己的梦想。

在职场中，往往有很多表面上看起来是吃亏的事情，比如工作的调动、环境的变迁等。面对这些事情，我们应该做到泰然处之，"小不忍则乱大谋"，心胸开阔，目光放远一些。看这些事情对自己的长远发展是否有利，而不去逞匹夫之勇。

小谭费了九牛二虎之力，进了一家带"中国"字头的大公司。这公司虽说也是上市公司，但国有企业长期积累的一些习气仍在发生作用。这些天，小谭他们 11 楼的锅炉热水器坏了，喝开水要到 15 楼去打。这样，每天提热水壶上 15 楼打开水自然成了小谭分内的事，谁让他在办公室资历最浅。这天上午，小谭先到外面办事，11 点多回到办公室，回来时大汗淋漓，他揭开热水壶盖一看，里面空空如也。小谭很生气，大声说从明天起轮流打开水，他不能一个人承包。没人响应，于是，第二天早晨上班后他也不打开水了……结果可想而知，当天中午他就被领导叫去训了一通，让他勤快一

点……

这太不公平了！小谭心里想，觉得自己再也不能这么夹着尾巴做人了。于是，他开始琢磨跳槽的事了。

应该说，这事对小谭的确不公平。但在现代职场上，永远也不会有绝对"公平"出现！道理很简单，无论社会进步到什么程度，企业管理如何扁平化，企业内部永远是个金字塔结构。既然是个金字塔，就必然会有上下之分。既然有上下之分，就必然会有不平等的现象存在。企业作为一台利润压榨机，与追求"公平"相比，它更喜欢"效率"。在一个公司内部，如果没有适当的等级制度和淘汰制度，它就会因为自己的"仁义"而失去竞争力，就会在竞争中遭到淘汰。因此，在现实生活中，永远不会出现你想象中的那种"公平"。

这就需要你学会控制自己，学会忍耐，学会去适应身处的这个真实的环境和社会，这是许多成功人士能够超越他人成就大事的一个重要方面。

大学毕业后，李明应聘到一家公司做助理。刚开始，他很难受，特别是老张、小李什么的动不动就唤他去打杂时，他就会发无名火，觉得很没尊严。他觉得，他们在把他当奴才使唤。不过，事后他冷静一想，又觉得他们并没有错，他的工作就是这些。刚进来时，王经理也这么事先对他说过。但一旦涉及具体事情，他的情绪就有点失控。有时咬牙切齿地干完某事，又要笑容可掬地向有关人员汇报说："已经做好了！"如此违心的两面派角色，他自己都感到恶心。有几次，他还与同事争吵起来。从此以后，他的日子更不好过了，同事们都不理他，李明在公司感到空前的孤独。

有一天，女秘书小吴不在，王经理便点名叫李明到他办公室去整理一下办公桌并为他煮一杯咖啡。他硬着头皮去了。王经理是很

厉害的，他一眼就看出了李明的不满，便一针见血地指出："你觉得委屈是不是？你有才华，这点我信，但你必须从这个做起。"

他叫李明先坐下来，聊聊近况。可李明身旁没有椅子，他不知道自己该坐到哪里，总不能与王经理并排在长条双人沙发上坐下吧！

这时，王经理意有所指地说："心怀不满的人，永远找不到一个舒适的椅子。"难得见到他如此亲切和慈祥的面孔，李明顿时放松了很多。

手脚忙乱地弄好一杯咖啡后，李明开始整理王经理的桌子。其中有一盆黄沙，细细的，柔柔的，泛着一种阳光般的光。李明觉得奇怪，不知道这是干什么用的。

王经理似乎看出了他的心思，伸手抓了一把沙，握拳，黄沙从指缝间滑落，很美！王经理神秘地一笑："小伙子，你以为只有你心情不好，有脾气？其实，我跟你一样，但我已学会控制情绪……"

原来，那一盆沙子是用来"消气"的，那是王经理的一位研究心理学的朋友送的。一旦他想发火时，可以抓抓沙子，就可以舒缓一个人紧张激动的情绪。朋友的这盆礼物，已伴他从青年走向中年，也教他从一个鲁莽少年打工仔，成长为一位稳重、老练、理性的管理者。王经理说："先学会管理自己的情绪，才会管理好其他。"

一个人的发展往往会受到很多因素的影响，这些因素有很多是自己无法把握的，工作不被认同、才能不被重用、职业发展受挫、上司待人不公平、别人总用有色眼镜看自己……这时，真正能够拯救自己出泥潭的只有忍耐。比尔·盖茨曾告诫初入社会的年轻人，社会是不公平的，这种不公平遍布于个人发展的每一个阶段。在这一现实面前，任何急躁、抱怨都没有益处，只有坦然地接受这一现实并忍受眼前的痛苦，才能扭转这种不公平，使自己的事业有进一步发展的可能。

莎莉·拉斐尔很早就立志于播音事业，但由于当时美国各家无线电台都约定俗成地只聘用男性，当她在各家电台应聘时，都被认为不能胜任这类工作而屡遭拒绝。

后来，她在纽约的一家电台找到一份工作。但不久却以"赶不上时代"为由遭到辞退，结果又失业了。

一天，她向一家广播公司的负责人谈起她的节目构想。"我相信公司会有兴趣。"那人说。但此后不久，那人便离开了公司，她的美梦破灭了。后来，她又找到公司另外两名职员，却被要求主持她最不擅长的政治节目。

但是，她并没有退缩，而是抓住了这次机会，通过自己的勤奋，使她主持的节目成为最受欢迎的节目。

"我遭人辞退 18 次，本来大有可能被这些遭遇所吓退，做不成我想做的事。结果相反，这将鞭策我勇往直前。"拉斐尔自豪地说。

如今，莎莉·拉斐尔已成为著名的自办电视节目主持人。在美国、加拿大和英国，每天都有 800 万观众收看她的节目。

莎莉靠着坚忍的毅力承受了一次又一次的挫折，她不但没有丧失信心，反而勇敢地面对一切，用积极的心态赢得了最终的成功。

有很多人，遇到挫折后，不是去寻求合适的方法克服困难，而是把一切原因都归结到别人身上，喜欢迁怒于别人。挫折心理都是由刺激即挫折源引起的。自然逆境引起的挫折没有人为性，而社会逆境和个体自身因素引起的挫折则具有人为性的特点，这样就必然涉及遭遇挫折后如何对待他人的问题。

社会逆境引起的挫折，挫折源都是人为的。对于有意为自己设置障碍的人，受挫折者该如何对待呢？是耿耿于怀，视为永远的敌人，还是宽容大度，化干戈为玉帛呢？应该是后者。这是因为，迁怒于别人，只能给自己的人际交往带来障碍，对排除困难并没有

好处。

情绪是人对事物的一种最肤浅、最直观的情感反应，它往往只以维护情感主体的自尊和利益出发，不对事物作复杂、深远和智谋的考虑。这样的结果，常使自己处在很不利的位置上或为他人所利用。本来，情感离智谋就已距离很远了（人常常以情害事，为情役使，情令智昏），情绪更是情感的最表面、最浮躁的那一部分，以情绪做事，焉有理智？不理智，能有胜算吗？能占别人的便宜吗？

一个人要想培养自己高尚的节操，就要在小事上有所忍让。韩琦是北宋的三朝宰相，他性情纯朴，心胸宽广，待人宽宏大量。他曾经说过："欲成大节，不免小忍。"韩琦率军驻扎在定州时，有一次他晚上写信，叫一个士兵拿着蜡烛站在他的旁边照明。士兵只看别的地方去了，没想到蜡烛倾斜烧到了韩琦的鬓发。韩琦立即用衣袖把火拂灭，然后继续写信。等会儿回头一看，发现旁边拿蜡烛的人已经换了。他怕主管的官吏惩罚那个士兵，急忙把他叫来，说："不要换掉他，他现在已经懂得怎样持蜡烛了。"此后，军中的官兵都十分佩服韩琦的度量。韩琦驻守大名府时，有人献给他两只非常珍贵的玉杯，说是绝世之宝。韩琦用白金酬谢了献杯的人。他对玉杯十分喜爱，每逢宴会招待客人，都特别命人摆一张桌子，上铺锦缎，把玉杯放在上面。有一天，韩琦招待管理漕运的官吏，准备用这两只玉杯装酒招待客人。突然，一位侍吏不小心撞倒了桌子，两只玉杯都摔碎了。客人们都很吃惊，那位侍吏也伏在地上等候惩罚。韩琦脸色不变，笑着对客人们说："任何物质的存亡都是有规律的。"他对那位侍吏说："你是失误造成的，并非是故意的，有什么过错呢？"客人们都对韩琦宽厚的德行和度量佩服不已。

古今中外，无论士农工商，能成大事的人都是有大忍之心的人。忍耐克制是中华民族为人处世的根本方法，是中华传统文化道德的

精华所在。一个人如果不经历浮沉磨砺，不潜心修炼，就很难做到大度宽容、百折不挠。在人生的道路上不忘修身养性，不断加强自己的道德修养，就能养成"贫贱不能移、富贵不能淫、威武不能屈"的高尚气节，那就是贯穿上下五千年中华民族文明史的浩然正气。

差之毫厘，谬以千里

所罗门国王曾经说过："万事皆因小事而起，你轻视它，它一定会让你吃大亏的。"

建筑工程中的小小误差，可以使整幢建筑物倒塌。不经意抛在地上未灭的烟蒂，可以毁掉整个房间乃至让整幢楼房化为灰烬。列车员或工程师看错了两分钟，就可能使两辆满载乘客的高速列车相撞，从而使多少个原本幸福的家庭妻离子散。

还有现在经常发生的医疗纠纷，常常是由于医生一时大意，把纱布、手术钳等遗留在病人的体内，从而给病人带来多少年的痛苦折磨和经济上的巨大损失。而他们最终会被诉诸法院，同样承受经济上的巨额赔偿甚至被判刑，给他们的前途带来一片黑暗。而这一切的起因，全是由于他们马虎轻率，由于他们一时大意。

乌鲁木齐市粮食局的一家下属挂面厂曾花巨资从日本引进一条挂面生产线，作为附带合同，后又花18万元从日本购进1 000卷重10吨的塑料包装袋。而塑料包装袋的袋面图案由挂面厂请人设计。当样品设计好后，经挂面厂与新疆维吾尔自治区经贸机械进出口公司的人员审查，交付日方印刷。

几个月后，当这批塑料袋漂洋过海运抵乌鲁木齐时，细心的人

们发现有点不对劲，再仔细看一下，全傻了眼，原来每个塑料袋的袋面图案上的"乌"字全部多了一点，变成了"鸟"字，乌鲁木齐变成了"鸟鲁木齐"。

后来，经过多方调查，发现原来是挂面厂的设计人员一时马虎，把设计样本打印错了，而进出口公司的人员检查时也一时大意没有发现。也就是这一点之差，使价值18万元的塑料袋变成了一堆废品，给公司带来了严重的损失，相关人员都受到了严厉的处分。

试想，如果设计人员细心一点、谨慎一点，进出口公司的审查人员再认真一点，多检查一次，又怎么会让这18万元付之东流呢？

如果因为你平时的马虎轻率而铸成大错，给公司造成巨大的损失，你以前所有的辛劳也会付之东流，甚至给你的职场生涯带来阴影。

大家都知道你曾因为马虎轻率而给原来的公司带来严重的损失，还有别的公司敢要你吗？那么，你的雄心壮志，一番大事业，成功的人生，又从何谈起呢？

细节是辉煌起点

细节中蕴涵了机遇，只要抓住了这个机遇，这可能就是人生辉煌的起点。

"金无足赤，人无完人"，老板也有错了的时候。这时候，你要装作不知道，事后尽力去弥补就是了。中国人酷爱面子，视尊严为珍宝。有"人活一张脸，树活一张皮"的说法，尤其做老板的更爱面子。作为老板，他要树立起权威。他若不慎做了错误的决定或说

错了什么话，如果下属直接指出或揭露上司的错误，无疑是向他的权威挑战，会让他很没有面子，会损害他的尊严，刺伤他的自尊心，相信一个最宽宏大量的老板也难以忍受。老板错了的时候，也要维护他的尊严。要选择合适的时候或场合，采取合适的方式，以免伤害老板，自讨没趣。老板出现失误或疏漏时，害怕马上被下属批评纠正。有些人直言快语，肚里藏不住几句话，发现老板的疏漏就沉不住气。

有一家公司召开年终总结大会，老板讲话时出了个差错，将一个数字说错了。一个下属站起来，冲着台上正讲得眉飞色舞的老板高声纠正道："讲错了！讲错了！那是年初的数字，现在的数字应该是……"结果全场哗然，把老板羞得面红耳赤，情绪顿时低落下来，他的面子顿时被一句突如其来的话丢得一扫而光。事后，这名员工因为一点小错误被解雇了。

当然，也有人做得很好。

有一家公司新招了一批员工，在老板与大家的见面会上，老板逐一点名。"黄烨（华）。"全场一片寂静，没有人应答。一个员工站起来，怯生生地说："老板，我叫黄烨（叶），不叫黄烨（华）。"人群中发出一阵低低的笑声。老板的脸色有些不自然。"报告经理，我是打字员，是我把字打错了。"一个精干的小伙子站了起来，说道。"太马虎了，下次注意。"老板挥挥手，接着念下去。没多久，打字员被提升为公关部经理，叫黄烨的那个员工则被解雇了。表面看来，这个老板没有什么水平，打字员是在拍马屁。实则每个人都有自己的知识欠缺，犯错误出洋相难以避免。作为下属，有什么必要当众纠正呢？如果这个叫黄烨的员工当时应答，事后再巧妙地纠正，就不会伤害老板的面子了。好在那个打字员承认自己错了，才巧妙地让老板从尴尬中走了出来。

老板有错时，最好不要当众纠正。如果错误不明显不关大局，其他人也没发觉，不妨"装聋作哑"，等事后再予以弥补。

有一个老板在会上将一组财务数据讲错了，一个做财务工作的下属没有马上纠正。他在做财务报表时，将老板说错的数据纠正了过来。老板看到财务报表时，才知道自己在会上说错了。因此，对这个员工的好感大增。有时，老板的错误明显，确有纠正的必要，最好寻找一种能使老板意识到而不让其他人觉察的方式纠正，让人感觉到老板自己发现了错误，而不是下属指出的，一个眼神、一个手势甚至一声咳嗽都可能解决问题。无论什么事情，碰巧是老板的错误，作为下属都应该给老板留情面，然后想办法弥补损失。这样做，既显得你通达人情，又能让老板看到你的工作能力，真是一举两得。

一个青年来到城市打工，不久因为工作勤奋，老板将一个小公司交给他打理。他将这个小公司管理得井井有条，业绩直线上升。有一个外商听说之后，想同他洽谈一个合作项目。当谈判结束后，他邀请的这位也是黑眼睛、黄皮肤的外商共进晚餐。晚餐很简单，几个盘子都吃得干干净净，只剩下两只小笼包子。他对服务小姐说，请把这两只包子装进食品袋里，我带走。外商当即站起来表示，明天就同他签合同。

因将吃剩下的两只小笼包带走这样极其平凡的小事感动了外商，使外商顺利地与他签订了合同。由此我们可以看出小事的威力。

有一家招聘高级管理人才的公司，对一群应聘者进行复试。尽管不少应聘者都很自信地回答了考官们的提问，但最终却未被录用，只能怏怏离去。这时，一位应聘者走进考场后，看到地毯上有一个纸团。因为地毯很干净，那个纸团显得很不协调。这位应聘者便弯腰捡起了纸团，准备将它扔进纸篓里。这时，考官发话了："您好，

朋友，请看看您捡起的纸团吧！"这位应聘者迟疑地打开纸团，只见上面写着："热忱欢迎您到我们公司任职。"几年以后，这位捡纸团的应聘者成了这家著名公司的总裁。

成功青睐有心人，有时是生活中很小的一件事，就能改变你的命运。比如，一条简短的信息、发现某种产品的缺陷、注意到某种需求在不断增长等等，即使身边一些别人熟视无睹的事物中，也孕育着许多机会。

细小错误致命伤

人生中一些细小的错误可能会带来致命的伤害，一些企业因细节而出现失误甚至导致失败的情况并不鲜见。近两三年来，中国汽车市场上闹得沸沸扬扬的日本三菱汽车事件。2001 年，发生三菱的"帕杰罗事件"，就是因为帕杰罗 V31、V33 两种车型设计不当，使固定在后车轴上的制动油管和固定在车身上的制动感载阀在行驶中碰撞和摩擦，从而导致制动油管磨损穿孔、制动液外漏造成制动失效。后来，两款三菱轻型轿车又因细节问题而被迫召回，其细节问题是：由于蓄电池的安装位置不合适，当蓄电池表面淋上雨水时，雨水会通过交换液体的开关浸入蓄电池中，因而有可能导致蓄电池液体溢出。

两次事件出现的问题、可以说均是细节问题。问题发生后，使得三菱公司不得不召回存在问题的汽车，损失可谓惨重。三菱公司的教训是深刻的，我们所要做的就是引以为戒，以免重蹈覆辙。

有这样一则故事。

很久以前，狮子国想借道羊国以便攻打鹿国，狮子国的国王就与军师商量计策。

军师说："把家传的名璧与名马赠给羊国，羊国一定会给我们让路。"

"但名璧与名马都是我的宝贝，万一对方收了东西却不让路，我又如何是好呢？"

军师说："如果对方不借路给我们，应该就不会收下东西了。既然收了东西，就会让路的。玉璧只是从内仓到外仓而已，马也只是从内侧马厩牵到外侧马厩而已。"

于是，狮子国国王命军师带这两种宝贝去交涉，羊国国王对礼物十分钟情。正要接受狮子国的要求，大臣出来阻拦："不可以收。对我国来说，鹿国就像唇一样，唇亡则齿寒。如果我们借路让狮子国灭了鹿国，它下一个目标就是我们了。"

羊国国王被宝贝迷了心窍，还是收下了礼物，让路给狮子国。

不出羊国大臣所料，狮子国在灭了鹿国后，就把羊国也灭了。

羊国国王贪图名马、名璧，到头来却丢掉了自己的江山。"捡了芝麻，丢了西瓜"，这种现象乍一想来难以发生，实际上在生活中却时常出现。这是因为人是有贪心的，总是割舍不掉自己的利益。有时正是因为对于蝇头小利的执着，导致失却了更大的利益。

许多企业就像羊国国王那样，两只眼睛只盯着那些表面的利益，却不去考虑其可能带来的损失，进行蒙骗顾客。

只有那种经营时不让顾客有丝毫的遗憾、不满，不再经营时让顾客遗憾万分的公司，才是真正经营成功的公司，才是名利双收的公司。

办企业一定要诚实，对所有顾客负责，想靠欺骗顾客来混日子是长久不了的。

做生意必须彻底实践对顾客应尽的礼仪和责任。不仅用嘴说要如何为顾客服务，而且要用实际行动实践这项义务。

做人也应当如此，不能忽略一些细小的错误，因为一些细小的错误也会决定一个人一生的命运。

小事成就大事

工作中无小事。要想把每一件事情做到无懈可击，就必须从小事做起，付出你的热情和努力。士兵每天做的工作就是队列训练、战术操练、巡逻排查、擦拭枪械等小事；饭店服务员每天的工作就是对顾客微笑、回答顾客的提问、整理清扫房间、细心服务等小事；公司中你每天所做的事可能就是接听电话、整理文件、绘制图表之类的小事。但是，我们如果能很好地完成这些小事，没准儿将来你就可能是军队的将领、饭店的总经理、公司的老总。反之，你如果对此感到乏味、厌倦不已，始终提不起精神，或者因此而敷衍应付差事，勉强应对工作，将一切都推到"英雄无用武之地"的借口上，那么你现在的位置也会岌岌可危。在小事上都不能胜任，何谈在大事上"大显身手"呢。没有做好"小事"的态度和能力，做好"大事"只会成为"无本之木、无源之水"，根本成不了气候。可以这样说，平时的每一件"小事"其实就是一个房子的地基。如果没有这些材料，想象中美丽的房子，只会是"空中楼阁"，根本无法变为"实物"。在职场中每一件小事的积累，就是今后事业稳步上升的基础。

美国已逝的总统罗斯福曾说过：成功的平凡人并非天才，他资

质平平，却能把平平的资质发展成为超乎平常的事业。

日本狮王牙刷公司的员工加藤信三就是一个很好的例子。有一次，加藤为了赶去上班，刷牙时急急忙忙，没想到牙龈出血。他为此大为恼火，上班的路上仍是非常气愤。

回到公司，加藤为了把心思集中到工作上，还是硬把心头的怒气给平息下去了。他和几个要好的伙伴提及此事，并相约一同设法解决刷牙容易伤及牙龈的问题。

他们想了不少解决刷牙造成牙龈出血的办法，如把牙刷毛改为柔软的狸毛，刷牙前先用热水把牙刷泡软，多用些牙膏，放慢刷牙速度等，但效果均不是太理想。后来，他们进一步仔细检查牙刷毛，在放大镜底下，发现刷毛顶端并不是尖的，而是四方形的。加藤想：把它改成圆形的不就行了！于是，他们着手改进牙刷。经过实验取得成效后，加藤正式向公司提出了改变牙刷毛形状的建议。公司领导看后，也觉得这是一个特别好的建议，欣然把全部牙刷毛的顶端改成了圆形。改进后的狮王牌牙刷在广告媒介的作用下，销路极好，销量直线上升，最后占到全国同类产品的40%左右。加藤也由普通职员晋升为科长，十几年后成为公司的董事长。

牙刷不好用，在我们看来都是司空见惯的小事。所以，很少有人会想办法去解决这个问题，机遇也就从身边溜走了。而加藤不仅发现了这个小问题，而且对小问题进行细致的分析，从而使自己和所在的公司都取得了成功。

看不到细节，或者不把细节当回事的人，对工作缺乏认真的态度，对事情只能是敷衍了事。这种人无法把工作当做一种乐趣，而只是当做一种不得不接受的苦役，因而在工作中缺乏热情。而考虑细节、注重细节的人，不仅认真地对待工作，将小事做细，并且注重在做事的细节中找到机会，从而使自己走上成功之路。

"海不择细流,故能成其大;山不拒细壤,方能就其高。"

周恩来总理重视细节的作风,希望能够对我们改变观念起到一定的作用。有的朋友以为做了大官才能做大事,或者只想做大事,最终肯定是不但成不了大事,反而连小事也做不好。

竞争的世界级别是细节

随着生产技术水平的提高,眼下的商品、服务竞争,在一定程度上已经表现为细节竞争。比如,彩电、冰箱、洗衣机等家用电器,产品质量、服务水平,大家都差不多,谁也难说拥有多大优势;彼此之间的差别,主要表现在外形、色彩、具体的售后服务水准,甚至是一个受理电话的语气等"细节"问题上。

1981 年于瑞 Apples 市成立的罗技电子(Logitech)是全世界知名的电脑周边设备供应商,当初罗技只是依靠生产鼠标和键盘进入电脑周边设备行业。鼠标和键盘是电脑最基本、最不可缺少的外设配件,也是价钱较低、获利较少的配件,对于电脑行业的巨头们根本无法产生吸引力,这便给了罗技一个契机。从此,罗技走上了鼠标和键盘生产的专业化道路。经过数年的努力,罗技不仅在该行业中站稳了脚跟,而且已然成为全球最大的鼠标和键盘的生产供应商。

整个 20 世纪 80 年代,鲁冠球集中力量生产汽车万向节,实施"生产专业化,管理现代化"以后,又实现"产品系列化",使当初只有 7 个人、4 000 元资产的小厂一跃成为有数亿元资产的大型企业。2003 年,鲁冠球位列中国富豪榜第 4 名,资产 54 亿元。

但是,世界上却有很多企业家并不知道"钻石就在自己的脚下"

的道理。他们喜欢像蜜蜂一样，在全国和世界各地飞来飞去，寻找他们的生意机会，显得异常忙碌。其实完全没有必要，因为在你自己的后院里就可能有很多处理不完的好买卖，只要自己一件一件做好就能够赚大钱。

在美国，一个名叫赫博的人经历过一件惨事：破产！赫博很多年来，一直是一个精明的建筑商。他不断地周游全国，以规模越来越大的高层写字楼和公寓楼群给自己立下了一个又一个的纪念碑。但最终他还是破产了。

后来，他和他的朋友在一起谈起他的故事。赫博说："你知道，在忍受出差去远方城市开发大项目带来的所有不适和不便的同时，我花费了大量钱财。那是一个永远结束不了的噩梦：与飞机场行李搬运工、票务代理商、空姐、出租车司机和旅馆服务员频繁打交道；忙于进出宾馆以及处理商务差旅所带来的一切麻烦，我做好了这些细节，结果到头来却是竹篮打水一场空。如果这些年我待在家里，每天只需要在我所住的那条街道上花一个小时来回散步，关注那些细微的变化，注意那些要出售的房产，几乎不用花费什么力气，我就可以轻而易举地赚到数百万美元。我需要做的只是买下那条街上出售的每一份房地产，然后等待机会将它们卖出去。当我耗心费力地在全国各地到处奔波的时候，我所住的那条街道的房地产升值了10倍还多。"

由此可见，"世界级的竞争，就是细节竞争"。在现代这样的社会里面，对细节的重视已经深入人心。作为一个企业的管理者，不仅要关注企业宏观战略的内容，更要注重企业微观方面的管理内容。企业的执行人员，要从细节入手把工作做细，从而在企业中形成一种管理文化，那就要注重战略百分百的执行，从而使企业具有极其强大的竞争威力。